Bibliothek Natur & Wissenschaft Band 11

Ulrich Schwevers



# Die Biologie der Fischabwanderung

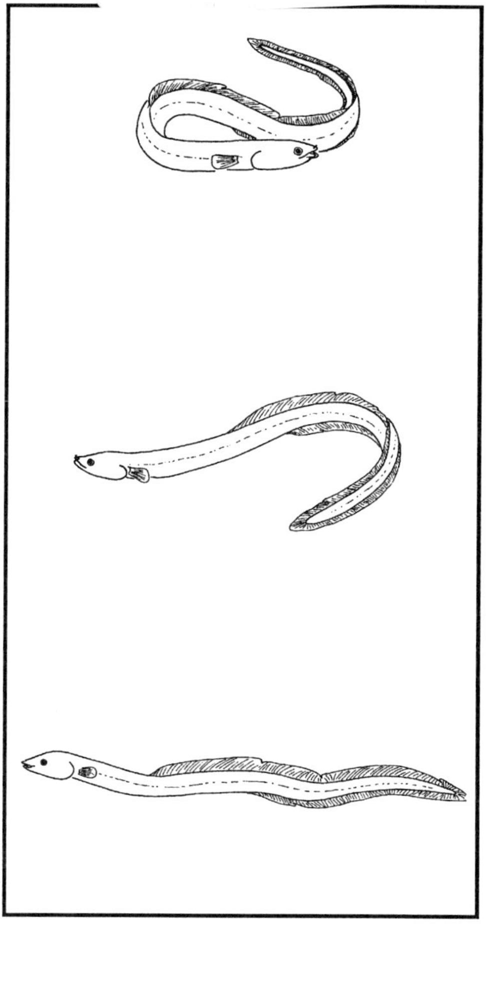

Institut für angewandte Ökologie
Neustädter Weg 25
36320 Kirtorf-Wahlen

VNW Verlag Natur & Wissenschaft Solingen

**Inhalt**

# 1 Einleitung

Während sich zahlreiche Untersuchungen mit dem biologischen Phänomen der stromaufwärts gerichteten Wanderung von Fischen beschäftigen, sind die Kenntnisse über den Umfang sowie die auslösenden Mechanismen der Fischabwanderung bislang gering und wurden in nicht unerheblichem Maße im Rahmen der Optimierung fischereilicher Fangmethoden gewonnen. Dementsprechend liegen über die Migrationen fischereiwirtschaftlich bedeutender Arten, z.B. Lachs *(Salmo salar)*, Bach-, See- und Meerforelle *(Salmo trutta ssp.)* sowie Aal *(Anguilla anguilla)* vergleichsweise zahlreiche Informationen vor, während von den meisten anderen einheimischen Fischarten nicht einmal bekannt ist, in welchem Maß sie überhaupt Wanderungen durchführen.

Vor dem Hintergrund des energiepolitisch geförderten Ausbaus von Wasserkraftanlagen unter Einsatz effizienter Turbinentypen sowie der Ausleitung von Wasser zu Kühlzwecken kommt dem Phänomen der Abwanderung der Fische jedoch eine erhebliche Bedeutung zu, da in die Turbinen von Wasserkraftwerken bzw. in Kühlwassereinläufe eingedrungene Fische in großem Umfang geschädigt werden oder sogar verenden. Bei dieser Problematik steht weniger das biologisch-naturwissenschaftliche Interesse im Zentrum der Betrachtungen, sondern vielmehr die infolge der massiven Schädigung abwandernder Fische entstehenden fischereiwirtschaftlichen Verluste und die damit verbundenen Schadensersatzforderungen sowie nicht zuletzt tier- und artenschutzrechtliche Aspekte.

Das Ausmaß des Problems läßt sich am Beispiel des hessischen Lahnsystems verdeutlichen (SCHWEVERS & ADAM 1996a): Dort dienen von 519 erfaßten Wanderhindernissen 103 Anlagen der Nutzung der Wasserkraft. Infolge der Ableitung von Wasser ist Fischen in diesen Fällen die Abwanderung über das Wehr nur eingeschränkt oder überhaupt nicht möglich. So steht den Tieren häufig nur der Weg durch die Turbine offen. Insbesondere in mehrfach gestauten, mit zahlreichen Laufwasserkraftwerken bestückten, größeren Fließgewässern wie Main, Neckar oder Mosel, ist das Problem der Schädigung abwandernder Fische ökonomisch und ökologisch von erheblicher Bedeutung.

Da eine Beseitigung von Wanderhindernissen nur in Ausnahmefällen realisierbar ist, stellt sich die Frage nach Möglichkeiten, die Verletzung und/oder Tötung abwandernder Fische gänzlich zu vermeiden oder zumindest zu reduzieren und die stromabwärts gerichteten Fischwanderungen zu gewährleisten. Entsprechende Forderungen sind in den Fischereigesetzen aller Bundesländer verankert, ohne daß jedoch aktuell Fischschutzeinrichtungen oder Bypässe verfügbar wären, die ein Eindringen der Fische in die Gefahrenbereiche wirksam verhindern könnten.

Eine Lösung dieses Problems ist nur von einer interdisziplinären Zusammenarbeit von Biologen und Ingenieuren zu erwarten. Diesem Ziel dient u.a. der Fachausschuß „Fischabstiegsanlagen" des Deutschen Verbandes für Wasserwirtschaft und Kulturbau e.V. (DVWK), der nach Vorliegen eines Merkblattes über Fischaufstiegsanlagen (DVWK 1996) seit 1997 damit beschäftigt ist, den Stand des Wissens über den Fischabstieg sowie über Möglichkeiten zur Verminderung von Fischschäden durch Wasserkraftwerke und Wasserentnahmebauwerke zusammenzutragen. Eine in diesem Rahmen erstellte Literaturdokumentation über biologische und technische Aspekte der Fischabwanderung gibt einen ersten, repräsentativen Überblick über den Stand der Diskussion (DUMONT et al. 1997). In diesen Zusammenhang fügt sich auch die vorliegende Publikation ein. Hierbei wird der Erkenntnis Rechnung getragen, daß ein fundiertes Wissen über die Biologie der Fischabwanderung die Basis der technischen Lösung des Problems der gefahrlosen Fischpassage bildet.

Die Publikation versteht sich als Nachschlagewerk, das die verschiedensten Fakten über die Biologie der Fischabwanderung schlaglichtartig zusammenstellt und kommentiert. Zu diesem Zweck wurden Veröffentlichungen aus dem deutschsprachigen Raum sowie dem benachbarten Ausland (Niederlande, Frankreich, Großbritannien, Skandinavien etc.) ausgewertet. Amerikanische Arbeiten fanden nur insoweit Berücksichtigung, wie Arten mit Verbreitung auch in Mitteleuropa behandelt werden bzw. grundsätzliche Aspekte des Phänomens der Fischabwanderung dargestellt sind.

## 2 Allgemeine Betrachtungen zum Wanderverhalten von Fischen

Aquatische Organismen, insbesondere Fische führen in Fließgewässern zum Teil über große Distanzen Wanderungen durch. Bei diesen Wanderungen handelt es sich nicht um zufällig durchgeführte Ortsbewegungen, sondern sie dienen gezielt dazu, den Aufenthaltsort des Fisches beizubehalten oder ihn, in Abhängigkeit von biologischen Einflußfaktoren zu verändern. So sucht der Fisch entsprechend seines Alters und Entwicklungsstadiums zu unterschiedlichen Jahreszeiten, ausgelöst durch bestimmte Abflußverhältnisse, Wassertemperaturen oder die Einwirkung unterschiedlicher physikalisch-chemischer Faktoren, für ihn optimal geeignete Habitate auf (Abb. 1). Der Wechsel zwischen z.B. Reproduktions-, Entwicklungs- und Nahrungshabitaten setzt die besondere Entwicklung entsprechender Fähigkeiten voraus, die dem Fisch erlauben, sich im Gewässersystem bzw. sogar zwischen Süßwasser und Meer zu bewegen und sich sicher zu orientieren.

Fische profitieren von ihrem Wanderverhalten. Durch eine zeitlich und räumlich differenzierte Nutzung der vorhandenen Ressourcen nutzen sie ihren Lebensraum optimal aus, wodurch die jeweilige Art ihre maximal mögliche Besiedlungsdichte erreichen kann. Wird diese Bewegungsfreiheit der Fische durch unpassierbare Wanderhindernisse eingeschränkt, kann das ökologische System des Fließgewässers nicht mehr optimal durch die Fische genutzt werden. Die Folge ist ein deutlicher Rückgang der Fischbestände (SCHIEMENZ 1962).

Da der Lebenszyklus obligat diadromer Arten, z.B. Lachs *(Salmo salar)* und Aal *(Anguilla anguilla)* weiträumige Wanderungen einschließt, ist die lineare und laterale Durchgängigkeit von Fließgewässern für die Arterhaltung essentiell erforderlich. Hieraus ergibt sich eine besondere Gefährdung für Wanderfischarten (BLESS 1979). Werden ihre Wanderungen auch nur durch ein einziges unpassierbares Hindernis unterbrochen, kann dies zum Aussterben der Art führen. So erloschen z.B. Anfang des Jahrhunderts die Populationen des Atlantischen Lachses *(Salmo salar)* im Wesersystem, nachdem die letzten verbliebenen Reproduktionsbiotope mit der Errichtung der Talsperre des Edersees (Hessen) nicht mehr erreichbar waren.

Aber auch die Populationen von Fischarten, deren Lebenszyklus keinen obligaten Wechsel zwischen Meer und Süßwasser einschließt, können durch Unterbrechung der linearen Durchgängigkeit nachhaltig beeinträchtigt werden. Dies wurde am Beispiel der Quappe *(Lota lota)* exemplarisch dokumentiert: Die von den Gezeiten beeinflußte Unterelbe war ursprünglich bekannt für ihren umfangreichen und fischereilich attraktiven Bestand an Quappen. Allerdings lagen die Laichgebiete der Quappen fast ausnahmslos stromaufwärts. Die Quappen unternahmen im Winter flußaufwärts gerichtete Laichwanderungen, die Rückkehr in die Unterelbe erfolgte in den Monaten Februar bis April. Nach dem Bau der für aufwandernde Fische unpassierbaren Staustufe in Geesthacht brach der gesamte Quappenbestand der Elbe zusammen (KOOPS 1960).

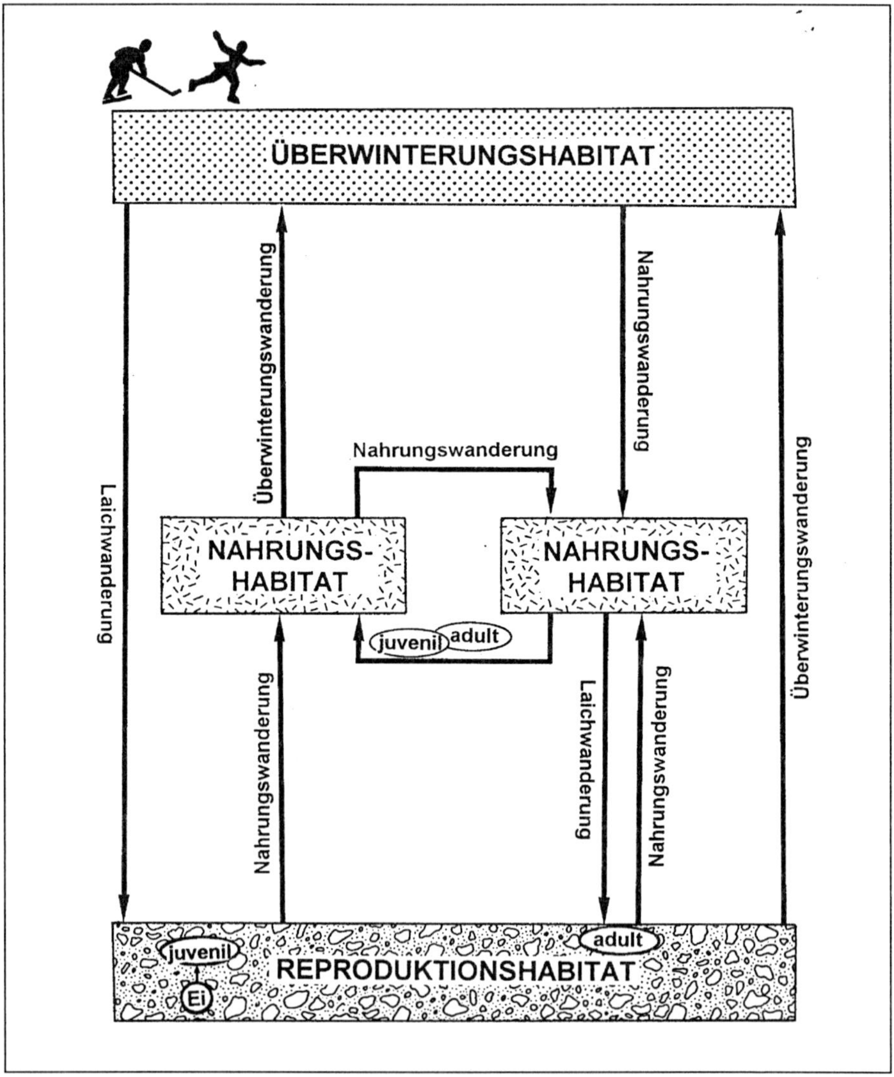


Abb. 1: Wanderungen der Fische zwischen unterschiedlichen Habitaten

## 3 Standorttreue und Wanderverhalten

Die Bindung von Fischen an bestimmte Standorte einerseits und die Durchführung von Wanderungen andererseits schließen einander nicht aus; vielmehr müssen beide Verhaltensweisen als periodisch auftretende Bestandteile des Lebenszyklus von Fischen begriffen werden. So setzt eine temporäre Standorttreue die Fähigkeit voraus, gerichtete Wanderbewegungen durchzuführen, z.B. um erlittene Territorialverluste ausgleichen zu können. Wanderungen, die Fische an einen früheren Aufenthaltsort zurück führen, werden mit dem Begriff „Homing" bezeichnet.

### 3.1 Standorttreue

Ursprünglich wurden den Wanderfischen die standorttreuen „Standfische" gegenübergestellt. So konstatiert SCHEURING 1929: *„Die typische Bachforelle muß als ein Standfisch angesehen werden. Ältere und größere Fische wählen einen bestimmten Stand: eine überhängende Uferböschung oder eine Höhlung unter einem Stein, von dem aus sie nur kurze Nahrungsstreifen, am liebsten in der Dämmerung, unternehmen. Auch wenn sie durch Hochwasser oder zur Laichzeit veranlaßt werden, diesen zu verlassen, so kehren sie meist dorthin zurück. Kleinere Nahrungswanderungen werden mancherorts wohl auch im März eine Strecke bachaufwärts unternommen, wenn dort die Luftnahrung in den Büschen über dem Wasser reichlicher vorhanden ist".*

Die Standorttreue von Fischen war Objekt zahlreicher Untersuchungen:

- Im Richland Creek (Indiana, Vereinigte Staaten) wurde festgestellt, daß in diesem kleinen Bach jeder Kolk mehr oder weniger isoliert ist und seine eigene Population beherbergt (GERKING 1953).
- In der Polenz im sächsischen Elbsandsteingebirge wurden über einen Zeitraum von zwei Jahren keine nennenswerten Ortsveränderungen bei Äschen *(Thymallus thymallus)* und Bachforellen *(Salmo trutta f. fario)* festgestellt (ALBRECHT & TESCH 1959). Selbst einsömmrig besetzte Bachforellen bewegten sich innerhalb eines Jahres meist nur wenige 100 m vom Besatzort fort.
- Bei Markierungsversuchen in der Elbe führten Gelbaale *(Anguilla anguilla)* nur dann nennenswerte Ortsbewegungen durch, wenn sie an anderen Stellen als dem Fangort besetzt wurden. Hatte man die Tiere hingegen am Fangort wieder ins Gewässer eingesetzt, wurden kaum Ortsbewegungen festgestellt (MANN 1965).

Nach GERKING (1959) lassen sich verschiedene Ausprägungen der Standorttreue unterscheiden:

- Häufig halten sich Fische über längere Zeit an exakt der selben Stelle auf. Dieser Bereich wird als „Territorium“ (engl.: „territory“) bezeichnet und ist dadurch charakterisiert, daß er aggressiv gegen Eindringlinge verteidigt wird.
- Dem wird der meist wesentlich größere „Aktionsradius“ (engl.: „home range“) gegenüber gestellt, in dessen Bereich sich der Fisch zwar aufhält, der aber im Unterschied zum Territorium nicht verteidigt wird.

Ob sich Fische dauerhaft oder zumindest temporär in Territorien und/oder Aktionsradien aufhalten, ist von ihrer Lebensweise sowie ihrem Lebensraum abhängig. Ein Territorium bilden vor allem solche Arten bzw. Stadien aus, die zum Schutz, zur Ernährung oder zur Fortpflanzung an einen bestimmten Standort gebunden sind.

- Als Lauerjäger „steht“ der Hecht *(Esox lucius)* in der Ufervegetation und erbeutet aus seinem Unterstand heraus vorbeischwimmende Beutefische. Das Territorium wird gegenüber Artgenossen aggressiv bis hin zum Kannibalismus verteidigt. Entsprechend sind attraktive Standorte in der Regel von kapitalen Hechten besetzt und erst, nachdem diese Territorien durch natürliche Mortalität oder Fang frei werden, können sie von kleineren Exemplaren besetzt werden.
- Bachforellen *(Salmo trutta f. fario)* halten sich in Unterständen verborgen und nehmen aus der fließenden Welle oder an der Wasseroberfläche vorbei driftende Nahrung auf, wobei sie sich kaum von ihrem Unterstand entfernen.
- Die als „Querder“ bezeichneten Larven von Bach-, Fluß- und Meerneunauge leben verborgen in den Feinsedimenten der Gewässersohle und ernähren sich durch Filtration, indem sie aus dem Wasserkörper organische Bestandteile aufnehmen.
- Arten wie Groppe *(Cottus gobio)* und Stichling *(Gasterosteus aculeatus)*, die Brutpflege betreiben, sind zumindest während der Entwicklungszeit der Brut an das Gelege gebunden, das sie aggressiv verteidigen.

Bei Fischen, deren Nahrung nicht vorbei driftet oder schwimmt, sondern durch aktive Suche aufgefunden werden muß, besteht keine Bindung an ein Territorium. Statt dessen bewegen sich diese Arten innerhalb eines größeren Aktionsradius. Ein typisches Beispiel hierfür wurde durch telemetrische Standortbestimmungen adulter Barben *(Barbus barbus)* in der Nidda bei Frankfurt dokumentiert (PELZ & KÄSTLE 1989a). Das Grundmuster der registrierten Ortsbewegungen war einheitlich: Ungefähr zur Zeit der Abenddämmerung wechselten die Barben von einem ganz bestimmten Flußabschnitt, in dem sie sich tagsüber zur Nahrungssuche aufgehalten hatten

(Tagstation) in einen anderen (Nachtstation) und kehrten morgens wieder zurück. Tag- und Nachtstation lagen zwischen 60 m und 200 m, ausnahmsweise auch 400 m bis 500 m voneinander entfernt. Die Nachtstation lag z.T. stromaufwärts, z.T. aber auch stromabwärts der Tagstation. Entsprechend kann aus diesen Befunden geschlossen werden, daß der Aktionsradius von Barben im Nahrungsbiotop eine Gewässerstrecke von mindestens 60 m bis 500 m Länge umfaßt. Bei telemetrischen Untersuchungen in der hessischen Kinzig wurden für Äschen *(Thymallus thymallus)* Ortsbewegungen von maximal 20 m registriert, für Bachforellen von bis zu 45 m (PELZ & KÄSTLE 1989b).

Keine Standorttreue bilden Arten aus, die sich bevorzugt im freien Wasserkörper aufhalten sowie Weidegänger, denen das Nahrungsangebot eines eng umgrenzten Territoriums oder Aktionsradius nicht zur Ernährung ausreicht:

- Manche Raubfische, wie Zander *(Stizostedion lucioperca)* und Rapfen *(Aspius aspius)*, aber auch Schwarmfische wie die Ukelei *(Alburnus alburnus)* zeichnen sich durch eine pelagische Lebensweise aus. Sie halten sich oberflächenorientiert im freien Wasserkörper auf, wo schon allein aufgrund fehlender Orientierungsmöglichkeiten eine Standorttreue unmöglich ist.
- Nasen *(Chondrostoma nasus)* weiden schwarmweise den Algenaufwuchs von Grobsubstraten ab. Diese Ernährungsweise zwingt sie, abgeweidete Gewässerabschnitte zu verlassen und ständig neue Nahrungsgründe aufzusuchen. Erst wenn die Algen nachgewachsen sind, können sie an einen Standort zurückkehren.

Standorttreue und Wanderaktivität schließen sich nicht aus. So sind viele Fischarten nur während bestimmter Entwicklungsstadien bzw. Jahreszeiten stationär und unternehmen in anderen Phasen durchaus ausgedehnte Wanderungen:

- Viele Cyprinidenarten, z.B. Nase *(Chondrostoma nasus)*, Barbe *(Barbus barbus)* und Döbel *(Leuciscus cephalus)* sind insbesondere im Winter standorttreu und überwintern an tiefen Stellen des Flusses. Zu diesen Zeiten stellen sie die Nahrungsaufnahme ein und zeigen insgesamt eine minimale Aktivität. Ansteigende Temperaturen im Frühjahr lösen hingegen bei diesen Fischarten Laichwanderungen aus: Die Tiere verlassen das Winterlager und schwimmen stromaufwärts bis zu ihren Reproduktionsbiotopen, wo sie in Schwärmen ablaichen.
- Selbst der Lachs *(Salmo salar)* als anadromer Wanderfisch ist während seiner Juvenilphase im Süßwasser standorttreu. Die Junglachse besetzen geeignete Territorien, die sie gegenüber Artgenossen verteidigen.

Die Ausbildung einer Standorttreue ist schließlich auch von der Verfügbarkeit geeigneter Standorte abhängig. Diejenigen Exemplare einer Population, die keinen Unterstand gefunden oder ihn gegen stärkere Artgenossen verloren haben, können auch keine stationäre Lebensweise entwickeln. Entsprechend spalten sich Fischpopulationen in eine stationäre und eine mobile Komponente auf (GERKING 1959).

- Bei Untersuchungen markierter Barben *(Barbus barbus)* im Fluß Severn (England) wurde etwa die Hälfte der wiedergefangenen Exemplare an ihrem alten Standort registriert, während sich die andere Hälfte der Tiere im Mittel 2,5 km stromab- oder 3,6 km stromaufwärts von ihrem ursprünglichen Standort entfernt hatte (HUNT & JONES 1974).
- Im Fluß Mole (England) wurde eine ähnliche Aufspaltung der Populationen von Plötze *(Rutilus rutilus)* und Gründling *(Gobio gobio)* festgestellt: 61 % bis 70 % der Plötzen und 66 % bis 69 % der Gründlinge waren innerhalb ihres Heimatbereiches geblieben, während sich 30 % bis 39 % der Fische nennenswert von dort entfernt hatten (STOTT 1967).
- Junglachse *(Salmo salar)*, die keine Territorien finden, wandern aus den Reproduktionsbiotopen bzw. Besatzorten ab und siedeln sich meist stromabwärts, gelegentlich aber auch stromaufwärts in geeigneten Gewässerstrecken an. Hier finden sie, aufgrund einer geringeren Besiedlungsdichte, bessere Aufwuchsbedingungen vor und wachsen deutlich besser ab, als die stationär gebliebenen Artgenossen (SCHWEVERS & ADAM 1997a).

Die Aufspaltung einer Population in eine mobile und eine stationäre Komponente bietet wesentliche Vorteile: Die stationären Exemplare besetzen und verteidigen Territorien in einer Größe, die ihnen Schutz und eine ausreichende Nahrungsgrundlage gewährleistet. Auf diese Weise wird die Besiedlungsdichte reguliert und eine optimale Ausnutzung der verfügbaren Ressourcen erreicht. Die mobile Komponente rückt in frei werdende Territorien nach, weicht aber auch in andere Gewässerabschnitte aus und ist so u.a. für die Kolonisation bislang unbesiedelter Fließgewässerstrecken verantwortlich. Im Falle der Schmerle *(Barbatula barbatula)* rekrutiert sich beispielsweise die mobile Komponente einer Population im wesentlichen aus vorjährigen Exemplaren, die innerhalb eines Jahres bis zu 1,5 km Bachlauf gegen die Strömung wiederbesiedeln können (BLESS 1985).

## 3.2 Homing

Als Homing bezeichnet man die Rückkehr eines Fisches zu einem Ort, der früher von ihm besetzt worden war, anstatt einen Platz gleicher Qualität irgendwo anders zu besetzen. Durch Fang, Markierung, Besatz an anderen Orten sowie schließlich den Wiederfang im Gewässer wurden in verschiedenen Untersuchungen erstaunliche Fähigkeiten von Fischen nachgewiesen, ihre alten Standorte, die in der Regel als Territorien angesprochen werden konnten, wiederzufinden:

- Bei Versuchen zum Homing des Longear sunfish *(Lepomis megalotis)*, und anderer amerikanischer Arten in Indiana und Louisiana (Vereinigte Staaten) wurde festgestellt, daß 100 % der flußab- und 77 % der flußaufwärts von ihren Standorten ausgesetzten Fische innerhalb von 24 Stunden an ihren ursprünglichen Standort zurückkehrten (GUNNING 1963). Die Orientierung hierbei erfolgte überwiegend olfaktorisch, während eine optische Orientierung zur Rückkehr in den Heimatbereich offensichtlich nicht erforderlich war.
- Im Fluß Mole (England) wurden Gründlinge *(Gobio gobio)* gefangen und umgesetzt. Nach 2 bis 3 Wochen wurden 55 % von ihnen an ihrem ursprünglichen Standort wiedergefangen (STOTT et al. 1963). Die Autoren vermuten, daß die übrigen Exemplare nur deshalb nicht an ihren Ursprungsort zurückkehrten, weil sie der mobilen und nicht der stationären Komponente der Population angehörten.
- Bei Markierungsversuchen in der Elbe wurde festgestellt, daß Gelbaale *(Anguilla anguilla)* nur dann nennenswerte Ortsbewegungen durchführten, wenn sie an anderen Stellen als dem Fangort besetzt wurden. Verfrachtete man die Tiere über eine größere Strecke flußabwärts, so zeigte ein größerer Anteil der Tiere erhöhte Wanderaktivität flußaufwärts. Waren die Tiere hingegen vor Wiedereinsatz flußaufwärts transportiert worden, verblieben 28 % an ihrem neuen Ort, während 72 % wieder flußabwärts wanderten (MANN 1965, TESCH 1966).
- Bei vielen Arten bezieht sich das Homing auf das Reproduktionsbiotop. Im Einzugsgebiet des Flusses Dunajec (Polen) wurde z.B. festgestellt, daß 18,7 % von markierten Äschen *(Thymallus thymallus)* der Altersstufe $0^+$ als zwei- bis dreijährige Exemplare in ihr Laichgebiet zurückkehrten (WITKOWSKI & KOWALEWSKI 1988).

Besonders eindrucksvoll ist das Heimfindevermögen zweifellos im Falle der Lachse. So ist der Atlantische Lachs *(Salmo salar)* in der Lage, nach ausgedehnten Wanderungen in der Nordsee und im Nordatlantik bis vor die grönländische Küste nicht nur seinen Heimatfluß wiederzufinden, sondern in diesem exakt bis in denjenigen Zufluß und Gewässerabschnitt aufzusteigen, aus dem er als Smolt abgewandert war. Das Homing der Lachse basiert auf der Prägung auf ihre Heimatgewässer. Hierbei handelt es sich um ein primär olfaktorisch begründetes Erinnerungsvermögen. Wahrscheinlich können die Tiere nicht nur den unterschiedlichen Chemismus, sondern auch geringste Ausspülungen von Boden und Pflanzen trotz extremer Verdünnung erkennen und so ihren Heimatfluß olfaktorisch identifizieren (NORTHCOTE 1984). Amerikanische Untersuchungen über das Homing des Pazifischen Lachses *(Oncorhynchus nerka)* wiesen nach, daß die olfaktorische Prägung der Junglachse im erst Smoltstadium erfolgt. Aus diesem Grund wandern als Jungfische besetzte Lachse nicht in ihren Geburtsfluß zurück, sondern in dasjenige Gewässer, in dem sie ausgesetzt wurden und aus dem sie als Smolts abgewandert sind (BRÜHL 1928). Die olfaktorische Prägung ist ein irreversibler Prozeß. Zum zweiten Mal ablaichende, als „Kelts" bezeichnete Lachse, steigen selbst dann in ihren Heimatfluß auf, wenn sie nach dem ersten Ablaichen in einen anderen Fluß verfrachtet worden waren. Die „Umprägung" eines Kelts auf ein anderes Gewässer ist demnach nicht möglich (FOSTER & SCHOM 1989).

In zwei verschiedenen Zuflüssen der nördlichen Ostsee ermittelte CARLIN (1969) für besetzte Junglachse beim Homing eine Treffsicherheit von 92,5 % bis 95,5 %: Fast alle zurückkehrenden Lachse wurden in ihren Besatzgewässern wiedergefangen, nur wenige stiegen in benachbarten Küstenflüssen auf, wobei die Nachweisdichte mit zunehmender Entfernung vom Besatzgewässer stark abnahm. Bei Markierungsversuchen mit Lachsen im Fluß Akerselv (Norwegen), der bei Oslo in den Oslofjord mündet, wurden 51 % der Wiederfänge im Besatzgewässer registriert. Die anderen Fänge wurden fast ausschließlich von benachbarten Zuflüssen des Oslofjordes gemeldet (HANSEN 1986). Allerdings erfolgte der Besatz im fortgeschrittenen Smoltifizierungsstadium, so daß diese Lachse unmittelbar nach dem Besatz ins Meer abwanderten, also nur eine sehr kurze Zeitspanne zur Prägung auf das Besatzgewässer zur Verfügung stand. Ohnehin ist die Streuung bei besetzten Lachsen nach STABELL (1984) mit durchschnittlich 16 % wesentlich größer als bei Wildbeständen, bei denen die Rate der Irrläufer meist nur 1 % bis 3 % beträgt.

Bei anderen anadromen Arten ist das Homing weniger stark ausgeprägt oder fehlt ganz:

- Im Falle der Meerforelle *(Salmo trutta f. trutta)* sind die Befunde zum Homing widersprüchlich. SHEARER (1955) berichtet zwar von Wiederfängen markierter Meerforellen exakt in den selben Zuflüssen des River Dee (Schottland) und z.T. an den selben Standorten, wo sie ein Jahr zuvor markiert worden waren, doch sprechen andere Nachweise eindeutig gegen eine ausgeprägte Heimattreue der Meerforelle. So wurde eine adulte Meerforelle, die im niederländischen Unterlauf des Rheins markiert worden war, 26 Tage später im Fluß Bresle in der Normandie (Frankreich) gefangen (CAZEMIER 1995).

- Eine im Juli 1996 in der Fangreuse der Fischtreppe Koblenz im Unterlauf der Mosel gefangene Meerforelle wurde im Juli 1997 im Sunndalsfjord in Norwegen wiedergefangen (JÖRGENSEN, Bezirksregierung Koblenz, mündl. Mitt.). Schließlich halten sich in die Lahn aufsteigende und am Wehr der Stauanlage Lahnstein anstehende Meerforellen dort nachweislich nur kurzfristig auf und kehren in den Rhein zurück, um in anderen Zuflüssen nach Aufstiegs- und Laichmöglichkeiten zu suchen (SCHWEVERS & ADAM 1997b).
- Den seewärts gerichteten Laichwanderungen der Flunder *(Platichthys flesus)* folgen nach SCHEURING (1930) Rückwanderungen, die die Tiere aber nur zum geringen Teil in den Fluß oder das Gebiet, in dem sie aufgewachsen sind, zurückführen. Andererseits wurden markierte Flundern jedoch ein oder mehrere Jahre später wieder im gleichen oder einem benachbarten Fluß wiedergefangen.
- Ob ein Homing bei Fluß- und Meerneunaugen *(Lampetra fluviatilis* und *Petromyzon marinus)* ausgebildet ist, erscheint sehr fraglich. Beispielsweise spricht ein 1997 beobachteter Massenaufstieg von Flußneunaugen aus dem Rhein in die Lahn dagegen, da das Flußneunauge seit mindestens 100 Jahren infolge unpassierbarer Wanderhindernisse im Lahnsystem verschollen war (SCHWEVERS & ADAM 1997b).

## 3.3 Wanderungen

Die verschiedenen Formen des Wanderverhaltens von Fischen wurden in der Vergangenheit in unterschiedlichster Weise benannt und eingeteilt. Eindeutig und unmißverständlich ist eigentlich nur die Benennung solcher Arten als „Wanderfische“, die zwischen Meer und Süßwasser migrieren. Die Lebensweise von Fischen, die ihre Larval- und frühe Juvenilphase im Süßwasser verbringen, dann ins Meer abwandern, um dort heranzuwachsen und als adulte Exemplare zur Fortpflanzung wieder ins Süßwasser aufsteigen, bezeichnet man als „anadrom“. Arten die sich im Meer fortpflanzen und im Süßwasser heranwachsen, zählen zu den katadromen Wanderfischen. Arten jedoch, die keinen dieser beiden Zyklen aufweisen, werden unterschiedlich benannt:

- Unter fischereilichem Aspekt stellte man früher den zwischen Meer und Süßwasser migrierenden Wanderfischen die „Standfische“ gegenüber, die ihren gesamten Lebenszyklus im Süßwasser verbringen. Spätestens nachdem STEINMANN (1937) ausführlich die *„Wanderungen unserer sogenannten Standfische in Fluß und Strom“* beschrieben hatte, wurde jedoch klar, daß der Begriff des „Standfisches“ zumindest unglücklich gewählt war.

- Die von SCHEURING (1929 und 1930) verwandte Differenzierung in „Stand-“ und „Strichfische“ trug wohl eher zur Verwirrung, aber kaum zur Eindeutigkeit der Benennung bei.
- DEMOLL (1949) beharrte auf dem Begriff „Standfische“. Er bestritt für den deutschen Abschnitt der Donau die Notwendigkeit von Fischpässen mit dem Argument, daß dort Wanderfische nicht heimisch wären, die anderen Arten einschließlich des Huchen *(Hucho hucho)* jedoch nicht wandern würden. Bei Barbe *(Barbus barbus)* und Nase *(Chondrostoma nasus)* hätten allenfalls einige Exemplare einen *"Drang zum Herumbummeln mit jahreszeitlicher Bevorzugung verschiedener Richtungen. Man hat keinen Hinweis, daß es den verschiedenen Fischarten schlecht bekommt, wenn sie diesem Bummeltrieb nicht zwanglos nachgeben können."*
- PELZ (1985) stellte fest, daß in verschiedenen Stauhaltungen der Mosel jeweils die selben Fischarten in großen Massen vertreten waren, auch wenn sie keine Möglichkeit hatten, über Fischwege von einer Staustufe zur nächsten zu wechseln. Aufgrund dieses Befundes stellte er in Frage, ob es bei *„einheimischen Fischen“* überhaupt Wanderungen gibt, *„die für die Art- und Bestandserhaltung der Fischfauna unserer Gewässer obligat sind“*. In Anlehnung an die englischsprachigen Begriffe „migration“ und „movement“ schlug PELZ (1989) deshalb vor, den für die Erhaltung der Art obligaten Wanderungen der Wanderfische die „Ortsbewegungen“ solcher Arten gegenüber zu stellen, die nicht zwischen Meer und Süßwasser wechseln. Die Konsequenzen dieser sprachlichen Differenzierung freilich sind fatal: Durch die Fehleinschätzung, daß unsere Gewässer ohnehin nicht mehr als Lebensraum für anadrome Arten geeignet wären und die permanent im Süßwasser lebenden Arten gar nicht wandern müßten, werden Fischwege nach PELZ (1985, 1986) überflüssig. Mit der selben Logik, die inzwischen allgemein als widerlegt gilt, wurden z.B. Fischwege im Untermain nicht nur als nicht notwendig, sondern sogar als ökologisch schädlich eingestuft (PELZ et al. 1987) und deshalb bei zwei Wehrneubauten nicht vorgesehen. In Konsequenz daraus sind die Folgekosten für die inzwischen in Planung befindliche Nachrüstung funktionsfähiger Fischaufstiegsanlagen enorm.
- In jüngster Zeit werden die zwischen Meer und Süßwasser wechselnden Arten vielfach als „Langdistanzwanderfische“ beschrieben. Auch dieser Begriff ist irreführend, da die Wanderwege anadromer Arten im Süßwasser durchaus sehr kurz sein können. In skandinavischen und britischen Gewässern beispielsweise liegen die Laichbiotope anadromer Arten wie Lachs *(Salmo salar)* und Meerforelle *(Salmo trutta f. trutta)* oft nur wenige Kilometer vom Meer entfernt. Andererseits sind für Arten wie die Barbe *(Barbus barbus)*, die sich ausschließlich im Süßwasser aufhalten, Wanderungen von mehreren 100 km Länge beschrieben (STEINMANN 1937).

Im Sinne einer unmißverständlichen Nomenklatur der verschiedenen Formen von Wanderungen werden im folgenden in Anlehnung an McKEOWN (1984) folgende Begriffe verwandt:

- Diadrom: Oberbegriff für sämtliche Wanderungen, die einen Wechsel zwischen Meer und Süßwasser einschließen.
- Anadrom: Diadrome Wanderungen, bei denen unabhängig von der Länge des Wanderweges die Reproduktion im Süßwasser und die Aufwuchsphase im Meer stattfindet.
- Katadrom: Diadrome Wanderungen, bei denen die Reproduktion im Meer und die Aufwuchsphase im Süßwasser stattfindet.
- Potamodrom: Wanderungen, die sich auf das Süßwasser beschränken. Hierbei wird weder bezüglich der Länge der Wanderwege differenziert, über die ohnehin nur sehr wenig bekannt ist, noch wird über deren Notwendigkeit spekuliert.
- Ozeanodrom: Wanderungen innerhalb des marinen Milieus.

Allerdings ist festzustellen, daß es zahlreiche Übergänge und Zwischenformen zwischen diesen Grundtypen gibt:

- Arten, die in Küstennähe kleinräumige Wanderungen durchführen und dabei Bereiche unterschiedlicher Salinität aufsuchen, vermitteln nach McKEOWN (1984) zwischen ozeanodromen und diadromen Arten. Er bezeichnet diese Lebensweise als littorales Wanderverhalten.
- Innerhalb der Art *Salmo trutta* werden die potamodrome Bachforelle *(Salmo trutta f. fario)* und die anadrome Meerforelle *(Salmo trutta f. trutta)* als Ökotypen unterschieden. Darüber hinaus existiert als eiszeitliches Relikt in den großen Voralpenseen mit der Seeforelle *(Salmo trutta f. lacustris)* eine weitere Form, die sich in Fließgewässern fortpflanzt, als Nahrungsbiotop jedoch Stillgewässer nutzt.
- Eine weitere Übergangsform zwischen Bach- und Meerforelle bilden solche Exemplare, die zwar aus den Reproduktionsbiotopen im Rhithral abwandern, aber nicht bis ins Meer ziehen, sondern sich in den großen Flüssen oder in küstennahen Stillgewässern wie z.B. dem Ijsselmeer aufhalten, bevor sie zur Reproduktion wieder in geeignete Laichbiotope aufsteigen.
- Selbst der Atlantische Lachs *(Salmo salar)* als „klassischer" anadromer Wanderfisch vollzieht nicht zwangsläufig einen Wechsel zwischen Süßwasser und Meer: So wird ein beträchtlicher Teil der juvenilen männlichen Exemplare bereits in der Süßwasserphase geschlechtsreif und beteiligt sich als „frühreife Milchner" mit einer Körperlänge von 11 cm bis 15 cm am Laichgeschäft der aus dem Meer aufgestiegenen, um ein mehrfaches größeren Rogner. Im darauf folgenden Jahr können diese frühreifen Milchner durchaus smoltifizieren und abwandern, doch dürfte ihre

Mortalität infolge des Energieaufwandes für die Gonadenentwicklung deutlich höher sein, als bei infertilen Exemplaren desselben Jahrganges (BAGLINIÈRE & MAISSE 1985, THORPE 1994). Vereinzelt wurden sogar frühreife Lachsrogner beschrieben (HINDAR & NORDLAND 1989), über deren Beitrag zur Reproduktion der Population jedoch nichts bekannt ist. In Anbetracht der geringen Eizahl und -größe sowie der Seltenheit frühreifer Weibchen dürfte dieses Phänomen populationsökologisch jedoch keine Rolle spielen.

Schließlich gibt es auch reine Süßwasserstämme des Atlantischen Lachses, die keinerlei anadromes Verhalten aufweisen, selbst wenn die Wanderwege zwischen den Reproduktionsbiotopen und dem Meer nicht unterbrochen sind (MILLS 1989). Statt dessen haben sie in Analogie zur Seeforelle ein Wanderverhalten zwischen Fließgewässern und großen Seen ausgebildet. Derartige Stämme existieren z.B. in verschiedenen nordamerikanischen Seen, im Vännern-See (Schweden), im Byglands-See (Norwegen) und im Ladoga-See (Rußland). Auch ein in Neuseeland angesiedelter Lachsstamm wandert von seinen Laichgebieten lediglich in einen Süßwassersee ab, um dort heranzuwachsen, obwohl ihm der Weg zum Meer offen steht.

Nach BERG (1953) existiert in dem Fluß Namsen (Norwegen) auch eine reine Fließgewässerform des Lachses, die nicht in einen See abwandert, sondern im Fluß verbleibt. Diese Population ist auf den Oberlauf beschränkt, der aufgrund eines unpassierbaren Wasserfalles nicht für aufsteigende anadrome Lachse erreichbar ist.

Schließlich ist bei Wanderungen von Fischen zwischen obligaten, zur Arterhaltung zwingend notwendigen sowie fakultativen Wanderungen zu unterscheiden, die nicht essentiell durchgeführt werden müssen.

- Ein typischer fakultativ katadromer Wanderfisch ist die Flunder *(Pleuronectes flesus)*. Zwar sind Wanderungen dieser Art bis mehrere 100 km weit ins Süßwasser bekannt, doch sind diese zur Arterhaltung nicht zwingend erforderlich.
- Auch verschiedene Meeräschenarten der Gattung *Mugil* dringen vom Salzwasser oft weit bis in die Mündungen und Unterläufe größerer Flüsse ein.

- Der Dreistachlige Stichling *(Gasterosteus aculeatus)* bildet zum einen reine Süßwasserpopulationen aus, darüber hinaus existieren aber auch anadrome Populationen, die im Herbst ins Meer abwandern und im Frühjahr zum Ablaichen wieder ins Süßwasser aufsteigen (WOOTTON 1984).
- Auch der Stint *(Osmerus eperlanus)* bildet, neben den sogenannten „Wanderstinten" anadromer Populationen in den Ästuaren und Unterläufen der Flüsse, mit dem „Binnenstint" eine kleinwüchsigere Süßwasserform aus, die sowohl die größeren Seen in der norddeutschen Tiefebene als auch ganz Nordeuropa besiedelt.
- Je geringer der Salzgehalt des Meerwassers und somit die Anforderung an die physiologische und insbesondere osmoregulatorische Leistungsfähigkeit des Organismus, desto mehr Arten gehen von der potamodromen zu einer anadromen Lebensweise über. So wurden für den Fluß Angeran, einen Zufluß der nördlichen Ostsee, die durch geringe Salzgehalte von 0,2 % bis 0,6 % gekennzeichnet ist, anadrome Populationen von Hecht *(Esox lucius)*, Barsch *(Perca fluviatilis)*, Aland *(Leuciscus idus)* und Plötze *(Rutilus rutilus)* nachgewiesen (MÜLLER & BERG 1982).
- Schließlich zeichnet sich auch die Quappe *(Lota lota)* in der nördlichen Ostsee durch ein anadromes Wanderverhalten aus (HEDIN 1983).

### 3.3.1 Anadrome Wanderungen

Am Beispiel des Atlantischen Lachses *(Salmo salar)* wird der Lebenszyklus der anadromen Wanderfische näher beschrieben (Abb. 2):

Im Winter wandern laichreife Lachse über hunderte von Kilometern aus dem Meer zu ihren Laichgebieten in die Flüsse auf. Hier werden an geeigneten Stellen der Äschenregion (Hypo-Rhithral) während der Paarung die Eier in den Kies des Gewässergrundes abgegeben. Während die meisten Alttiere nach dem Laichgeschäft absterben, kehren ein paar wenige, sogenannte „Kelts", ins Meer zurück, um im darauffolgenden Jahr erneut in die Flüsse aufzusteigen. Durch die Strömung optimal mit Sauerstoff versorgt, entwickeln sich die Eier und die Brut im Schutze des Lückensystems im Kies. Die Jungfische des Lachses wachsen ein bis zwei Jahre im Fließgewässer heran, bis sie sich silbrig färben und als sogenannte „Smolts" ins Meer abwandern. Im Meer verbleiben die Lachse ein bis mehrere Jahre, bis sie als geschlechtsreife Tiere wieder ins Süßwasser aufsteigen. Hier kehren sie, durch ihr hervorragendes Geruchsvermögen geleitet, an die Laichplätze zurück, an denen sie geboren wurden, um abzulaichen.

### 3.3.2 Katadrome Wanderungen

Der bekannteste und der einzige einheimische Vertreter der obligat katadromen Wanderfische ist der europäische Aal *(Anguilla anguilla)*. Er wächst in den Flüssen heran, bis er als erwachsenes, geschlechtsreifes Tier über Tausende Kilometer bis in die Sargasso-See vor der amerikanischen Ostküste abwandert, um hier in großen Tiefen abzulaichen (Abb. 3). Die Aalbrut wird als sogenannte „Weidenblattlarven" in großen Mengen passiv mit den Meeresströmungen, vornehmlich dem Golfstrom, bis an die europäischen Küsten verdriftet, wo sich ihre Metamorphose zum unpigmentierten „Glasaal" vollzieht. Als sogenannte „Steigaale" schwimmen die nur wenige Zentimeter langen Jungaale aktiv über große Distanzen die Ströme und Flüsse aufwärts und verteilen sich in den Fließgewässersystemen des Binnenlandes. Nach einer Wachstumsphase von 8 bis 15 Jahren, in denen die Fische aufgrund ihrer Färbung als „Gelbaale" bezeichnet werden, wandern die dann geschlechtsreifen und silbrig umgefärbten Tiere als „Blankaale" wiederum ins Meer ab.

### 3.3.3 Potamodrome Wanderungen

Typischerweise beschränken sich potamodrome Wanderungen von Fischen auf Ortsbewegungen innerhalb von Fließgewässern oder stehenden Gewässern. Darüber hinaus wechseln Fische jedoch häufig auch zwischen lateral miteinander vernetzten Lebensräumen von Fließ- in Stillgewässer und umgekehrt. Diese Verhaltensweisen, die ursprünglich auf natürlicherweise von Fließgewässern durchflossene Seen sowie Altgewässer beschränkt waren, sind ebenso bei Talsperren und Flußstauen zu beobachten. Wanderbewegungen innerhalb von Fließgewässersystemen werden in der Regel als Laichwanderungen beschrieben. Insbesondere Cypriniden führen zur Fortpflanzung derartige Wanderungen aus. Dabei werden von den flußabwärts gelegenen Winterquartieren stromaufwärts gelegene, rasch überströmte, kiesige Stellen aufgesucht, oder der Laich wird auf grasigen, überschwemmten Uferstrecken abgesetzt (SCHEURING 1929).

Doch auch nach Beendigung des Laichgeschäftes streifen insbesondere Arten ohne feste territoriale Bindung auf der Nahrungssuche mehr oder weniger weit im Gewässer umher. Dies trifft nicht nur auf potamodrome Arten zu, sondern beispielsweise auch auf die Jugendstadien des katadromen Aals *(Anguilla anguilla)*, wie dies bereits SCHEURING (1930) beschrieb: *„Bei seiner nächtlichen Nahrungssuche [...] erweist sich der Aal als ein unruhiger Geselle, der nicht nur sein Wohngewässer durchstreift, sondern auch vor allem in jüngeren Jahren ruhelos umherwandert und gern seinen Wohnsitz ändert, besonders wenn er aus seinem Winterlager aufgestanden ist".*

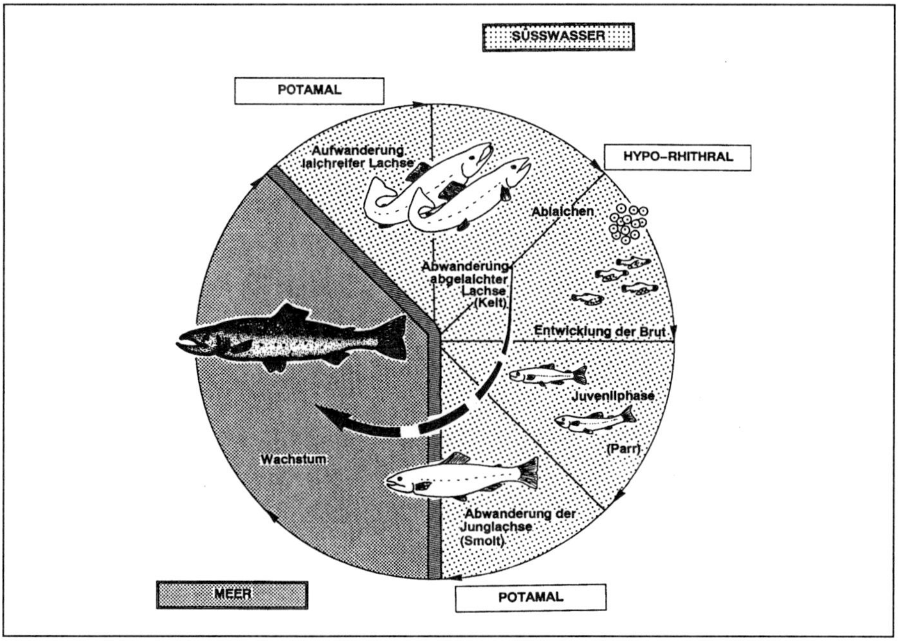


Abb. 2: Lebenszyklus anadromer Wanderfische am Beispiel des Lachses

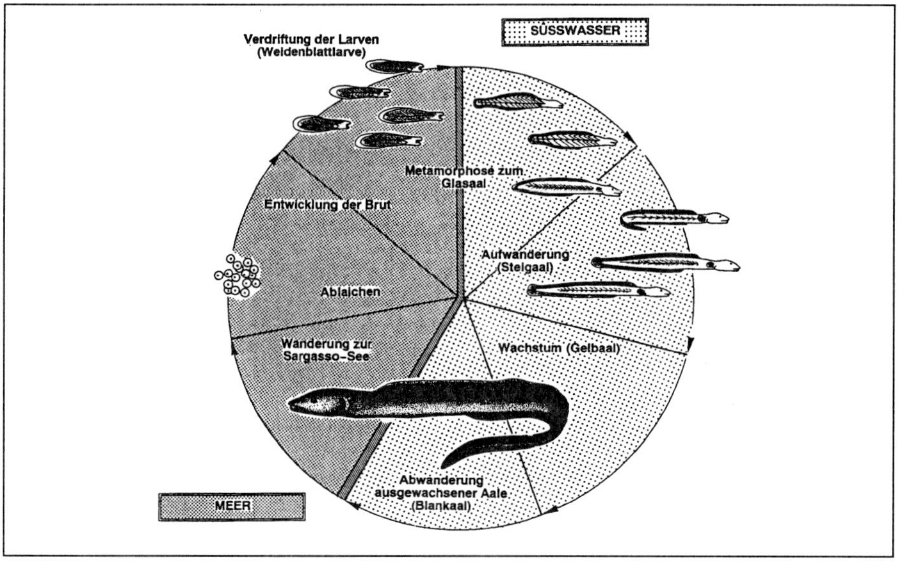


Abb. 3: Lebenszyklus katadromer Wanderfische am Beispiel des Aales

Häufig dienen potamodrome Wanderungen dem Schutz der Fische vor ungünstigen Umweltbedingungen. Ebenso, wie der Wechsel von Trocken- und Regenzeiten Fische in den Tropen zwingt, Rückzugsbiotope aufzusuchen und entsprechende Wanderungen durchzuführen (NORTHCOTE 1984), suchen einheimische Fische vor allem bei Hochwasser sowie im Winter schützende Habitate auf. SCHEURING (1929) beschrieb dies z.B. für den Karpfen *(Cyprinus carpio)* und andere Cypriniden, SCHIEMENZ (1960) für den Aal *(Anguilla anguilla)*.

Aufgrund systematischer Untersuchungen geht PAVLOV (1994) davon aus, daß praktisch alle Fischarten mehr oder weniger weit wandern. Hierbei passen die Fische ihre Wanderungen den Gegebenheiten im Gewässer an. So legen in vielfältig strukturierten Gewässern mit ausreichenden Laichhabitaten z.B. Bachforellen *(Salmo trutta f. fario)* nur geringe Entfernungen zurück, wie am Beispiel der Polenz im Elbsandsteingebirge gezeigt werden konnte (ALBRECHT & TESCH 1959). Je stärker jedoch ein Gewässer anthropogen überformt ist, um so seltener sind die erforderlichen unterschiedlichen Habitattypen vorhanden und liegen zudem oftmals weit auseinander. Dementsprechend groß sind zwangsläufig auch die Distanzen, die mittels Wanderungen überbrückt werden müssen.

Die von potamodromen Arten zurückgelegten Distanzen bezeichnen NORTHCOTE (1967) und PAVLOV (1994) übereinstimmend als vergleichsweise kurz. Zumindest für einzelne Exemplare verschiedener Arten konnten jedoch auch beträchtliche Wanderleistungen nachgewiesen werden.

- Für Barben wurden in der Donau Wanderstrecken von bis zu 300 km sowohl flußauf- als auch flußabwärts dokumentiert. Nasen *(Chondrostoma nasus)* wanderten bis zu 140 km flußauf- und 100 km, in einem Fall sogar 446 km flußabwärts. Für Döbel *(Leuciscus cephalus)* und Aland *(Leuciscus idus)* wurden Wanderdistanzen von bis zu 105 km flußauf- und 170 km flußabwärts nachgewiesen (STEINMANN et al. 1937).
- Der Karpfen *(Cyprinus carpio)* legt nach SCHEURING (1929) im Unterlauf der Donau oft hunderte von Kilometern zurück.
- Die Quappe *(Lota lota)* führte im Elbesystem vor dem Bau der Staustufe Geesthacht Laichwanderungen von über 200 Kilometern Entfernung durch (SCHIEMENZ 1962).
- In der Mittelelbe legten markierte Gelbaale *(Anguilla anguilla)* Entfernungen von etwa 40 km zurück. Einzelne Tiere wanderten binnen 6 Wochen bis zu 100 km weit (MANN 1965).

- Für die Äsche *(Thymallus thymallus)* wurden im Fluß Glomma (Norwegen) Wanderstrecken von bis zu 100 km Länge nachgewiesen, die maximale Wanderdistanz der Bachforelle *(Salmo trutta f. fario)* wird mit 122 km angegeben (LINLÖKKEN 1993).

In stauregulierten Flüssen sind die Wanderdistanzen aufgrund der eingeschränkten linearen Durchgängigkeit zwangsläufig wesentlich geringer. Parallel zu den o.g. Untersuchungen in der Donau wurden von STEINMANN et al. (1937) Markierungsexperimente auch im Main und im Neckar durchgeführt, die zu diesem Zeitpunkt bereits durchgehend staureguliert waren:

- Im Main wurden für Barbe *(Barbus barbus)* und Döbel *(Leuciscus cephalus)* stromaufwärts gerichtete Wanderungen über maximale Distanzen von 11 km ermittelt. Flußabwärts wanderten Barben bis zu 15,5 km weit.
- Im Neckar legten Rotfedern *(Scardinius erythrophthalmus)* innerhalb von 100 Tagen bis zu 16,7 km flußauf- und in 54 Tagen 59 km flußabwärts zurück.
- Ein Barsch *(Perca fluviatilis)* wurde 2 km oberhalb der Markierungsstelle wiedergefangen und je eine Barbe *(Barbus barbus)* 52 km flußab- bzw. 20,5 km flußaufwärts.

Bei Wanderungen von Fließgewässern in Stillgewässer kann es sich sowohl um aktive Einwanderungen, als auch um passive Ortsveränderungen handeln. Die Gründe für die aktive Einwanderung aus Flüssen in Seen sind vielfältig (NORTHCOTE 1967):

- Eine bessere Nahrungsversorgung im See fördert das Wachstum der Fische, was sich z.B. bei ausgeprägten Wanderformen wie der Seeforelle *(Salmo trutta f. lacustris)* beobachten läßt.
- Bei der Einwanderung in einen See kann es sich um einen Schutzmechanismus vor dem Fraßdruck durch größere Fische im Fließgewässer handeln.
- Abrupte Temperatur- oder Abflußänderungen können Fische veranlassen, von Fließgewässern in Stillgewässer auszuweichen.

Von besonderer Bedeutung sind in diesem Zusammenhang laterale Wanderbewegungen zwischen Fließgewässern und deren Altgewässern:

- Krautlaicher und insbesondere limnophile Fischarten nutzen zwar Fließgewässer als Nahrungsbiotop, sind jedoch auf Stillwasserbereiche angewiesen, in denen sie geeignete Laichmöglichkeiten finden. Hieraus resultieren Laichwanderung aus dem Fluß in Altarme bzw. temporär angebundene Altwässer, wie sie z.B. von MOLLS (1997) am Beispiel des Brachsen *(Abramis brama)* für den Niederrhein sowie von SILIGATO (1997) für den Donaukaulbarsch *(Gymnocephalus baloni)* im österreichischen Abschnitt der Donau beschrieben wurden. Diesem Mechanismus kommt insbesondere in Schiffahrtsstraßen eine entscheidende Bedeutung für den Reproduktionserfolg vieler Arten zu, da die Überlebensrate der Brut an den vom Wellenschlag der Schiffahrt beeinflußten Ufern eines Flußschlauches gering ist (SCHWEVERS & ADAM 1997c).

- Im Winter oder bei Hochwasser werden von den Fischen bevorzugt Altarme aufgesucht, um in Winterruhe zu treten bzw. um nicht während der Zeit geringer Aktivität verdriftet zu werden. Umgekehrt verlassen Fische bei fallenden, das Volumen verkleinernden Wasserständen das Nebengewässer und schwimmen in den Hauptstrom zurück (SCHIEMENZ 1962).

Ein spezielles Problem entsteht für viele Fischarten durch die Verdriftung von Eiern und Brut in Flußstaue und Stauseen. Während die Drift ein typisches Phänomen im Entwicklungszyklus von Fließgewässerarten darstellt und hierdurch in ungestauten Fließgewässern die Ausbreitung der Art gefördert wird, sinken z.B. die Eier von Freiwasserlaichern beim Fehlen einer ausreichenden Fließgeschwindigkeit in Stauräumen zu Boden und gehen dort zugrunde. Aber auch die Larven rheophiler Arten tolerieren die reduzierten Strömungsverhältnisse in Stauräumen nicht und sterben ab. Überlebenschancen haben in gestauten Fließgewässern lediglich die Larven anspruchsloser, eurytoper Arten, die auch im Stausee geeignete Laichhabitate finden (NEZDOLIY 1984) oder Arten, deren Biologie an Situationen angepaßt ist, wie sie in den durchflossenen Seen des Voralpenraumes oder in den metapotamalen Flachlandgewässern des nordostdeutschen Tieflandes auftreten.

Andererseits bieten Laichwanderungen aus Seen in Flüsse Laichfischen Schutz im reich strukturierten Ufer des Fließgewässers und günstige Bedingungen für die Eientwicklung (NORTHCOTE 1967). Dies nutzt z.B. die Seeforelle *(Salmo trutta f. lacustris)*, die aus ihren Nahrungshabitaten im See zum Ablaichen in die Zuflüsse aufsteigt. Hierbei muß die Laichwanderung nicht zwangsläufig flußauf-, sondern kann in Ausnahmefällen auch flußabwärts gerichtet sein. So beschreibt SCHEURING (1929), daß die meisten Seeforellen aus dem Genfer See zunächst in die damals noch nicht stauregulierte Rhône abwärts bis zur Mündung der Arve zogen und in diesem Zufluß dann aufwärts bis zu ihren Laichbiotopen. Nach STRUCK (1943) kann die Abwanderung von Fischen aus durchflossenen Seen in die speisenden Fließgewässer auch durch Nahrungsmangel ausgelöst werden.

Schließlich führen Fische auch innerhalb von Stillgewässern Wanderungen durch.

- Laichwanderungen in Seen sind besonders wichtig, wenn für kleinere Populationen mit speziellen Ansprüchen nur wenige Laichhabitate zur Verfügung stehen (NORTHCOTE 1967).
- Barsche *(Perca fluviatilis)* zeigen im See Windermere (England) ein ausgeprägtes saisonales Wanderverhalten: Während sie im Sommer hauptsächlich das Litoral und Sublitoral oberhalb 10 m besiedeln, leben sie im Winter in Tiefen zwischen 18 m und 27 m (ALLEN 1935).
- Der Aal *(Anguilla anguilla)* geht nachts auf Nahrungssuche, wobei er nach SCHEURING (1930) in größeren Seen regelmäßige, uferwärts gerichtete Wanderungen nach Einbruch der Dunkelheit und in umgekehrter Richtung bei Morgendämmerung ausführt.
- Seeforellen *(Salmo trutta f. lacustris)* folgen im Mai und Juni den Schwärmen kleiner Weißfische in oberflächennahen Wasserschichten und in Ufernähe, wobei sie auch Anflugnahrung aufnehmen. Wenn das Wasser wärmer wird, sucht die Seeforelle größere Tiefen bis unter 40 m auf, und erbeutet hauptsächlich Felchen, deren Vertikalwanderungen sie folgt (SCHEURING 1929).

## 4 Abwandernde Entwicklungsstadien

Eine Abwanderung bzw. stromabwärts gerichtete Ausbreitung ist für alle Entwicklungsstadien von Fischen zu beobachten, wobei jedoch quantitativ am meisten frühe ontogenetische Stadien, d.h. Eier und Larven in Erscheinung treten. In der Regel nimmt mit fortschreitender Entwicklung der Anteil abwandernder Fische ab. Eine Ausnahme bilden hier einige anadrome Arten, bei denen eine stromabwärts gerichtete Ausbreitung juveniler Stadien bis weit in den Herbst anhält (PAVLOV 1994). Darüber hinaus wandern subadulte und adulte Exemplare insbesondere potamodromer Arten flußabwärts (NORTHCOTE 1984).

### 4.1 Eier

In Bächen sowie in der oberen und mittleren Flußregion dominieren Substratlaicher, die ihre Eier an die Substrate des Gewässerbodens anheften oder in Laichgruben im Sediment abgeben. Von der Strömung hinfort gespülte Eier dieser Arten sind in der Regel nicht überlebensfähig. Bei den Freiwasserlaichern der Flußunterläufe hingegen ist die Drift von Eiern als reguläres Stadium der frühen Ontogenese weit verbreitet. Die Eier werden mit der Strömung flußabwärts in das Ästuar verdriftet, wo für diese Arten günstigere Aufwuchsbedingungen herrschen (JONSSON 1991). Beispiele hierfür sind die Eier von Maifisch *(Alosa alosa)* und Finte *(Alosa fallax)*, die absinken und sich über dem Grund flottierend entwickeln. Die Eier des Stintes *(Osmerus eperlanus)* werden in den Flußmündungen häufig durch die Gezeitenströmungen losgerissen und flottieren, da sie Öleinschlüsse besitzen, über dem Grund (SCHEURING 1929). Die bodennahe Drift von Eiern freiwasserlaichender Arten wird von NEZDOLIY (1984) auch für den Fluß Ili (Kasachstan) beschrieben.

### 4.2 Brut

Die Drift von Fischbrut und Larven ist eine weit verbreitete, häufig beschriebene Form der abwärts gerichteten Ausbreitung von Fischen, die auch mengenmäßig ein beträchtliches Ausmaß annehmen kann. So ermittelte NEZDOLIY (1984) im größten Fluß Kasachstans, dem Ili, für die 6 häufigsten Arten ein Driftaufkommen von 3 bis 89,5 Millionen Larven pro Art und Jahr, die in den Kapachagay-Stausee eingespült werden. Fischlarven driften meist an der Wasseroberfläche, allerdings ist die vertikale, horizontale und longitudinale Verteilung artspezifisch.

Die Lavendrift wurde für Mitteleuropa für verschiedene Arten beschrieben:

- Die Drift von Bachneunaugen-Larven *(Lampetra planeri)* wies SALEWSKI (1991) in einem Bach im Odenwald nach. Er folgerte daraus, daß Exemplare älterer Größenklassen deshalb häufiger in bachabwärts gelegenen Gewässerabschnitten zu finden sind.
- Auch bei Coregoniden werden die Larven mit der Strömung abgedriftet (JONSSON 1991).
- Die Drift von Jugendstadien der Groppe *(Cottus gobio)* untersuchte BLESS (1990). Er setzte den Umfang der Drift in Relation zum Brutaufkommen und stellte fest, daß ein großer Teil bzw. sogar der gesamte Jahrgang $0^+$ hiervon betroffen ist.
- Die Drift von Lachslarven *(Salmo salar)* wurde insbesondere von MARTY & BEALL (1987) in einem künstlichen Brutkanal untersucht. Demnach verlassen die Lachs-Brütlinge nach Aufzehren des Dottersackes die Laichgrube. Zwar entwickeln sie in diesem Stadium ihre Schwimmfähigkeit und somit das Vermögen, sich gegen die Strömung zu behaupten, doch lassen sich die meisten Brütlinge verdriften. Die Abwanderungskurve verläuft in der Regel eingipfelig mit einem sehr eindeutigen Maximum, denn die Abwärtswanderung von 75 % der Brütlinge erfolgt innerhalb von nur 10 Tagen.

Je nach Autor und Fischart werden verschiedene Gründe für die Larvendrift angegeben. Nicht auszuschließen ist, daß die Abdrift von Fischlarven rein passiv erfolgt, denn das Vermögen von Fischen, der Strömung zu widerstehen, ist größenabhängig. Je nach Körperlänge sind z.B. Groppen *(Cottus gobio)* bei Fließgeschwindigkeiten von 0,6 m/s bis 1,2 m/s nicht mehr in der Lage, gegen diese Strömung anzuschwimmen. Übersteigt die Fließgeschwindigkeit diese Werte, werden die Larven verdriftet (BLESS 1990). Dieser Mechanismus würde auch Beobachtungen von NEZDOLIY (1984) aus dem Fluß Ili (Kasachstan) erklären, wonach die Abdrift von Fischlarven ihr Maximum mit bis zu 1.000 Tieren pro 100 $m^3$ Wasser während der Frühjahrshochwässer erreicht.
Bei Physostomiern besteht die Gefahr einer ungewollten Verdriftung, wenn die Larven an die Wasseroberfläche aufschwimmen, um erstmalig ihre Schwimmblase mit Luft zu füllen (NORTHCOTE 1967).

Wahrscheinlicher, als daß es sich bei der Larvendrift um ein rein akzidentelles, passives Phänomen handelt, erscheint die Theorie einer aktiv gesteuerten Abwanderung, der ein biologischer Sinn zugrunde liegt:

- Die Drift larvaler und juveniler Fische von den Laichplätzen flußab in Richtung auf die Überwinterungshabitate ist nach PENAZ et al. (1992) ein wichtiger Ausbreitungsmechanismus in der frühen Ontogenie der Fische, um eine gleichmäßige Verteilung der Organismen im Ökosystem Fluß zu gewährleisten.

- Auch MARTY & BEALL (1987) vermuten, daß die von ihnen beschriebene Abwanderung Lachsbrütlingen dazu dient, die übervölkerten Bereiche in der Nähe der Laichgruben zu verlassen, um sich gleichmäßig im Gewässer zu verteilen, bevor die Kapazität des Lebensraumes erschöpft wird. In diesem Fall würde es sich um einen Ausbreitungsmechanismus handeln, der nicht auf äußere Ursachen zurückzuführen ist, sondern durch die Entwicklung der Sinnesorgane und der Motorik der Fische ausgelöst und gesteuert wird.
- Die Drift von Fischlarven mag auch eine Folge der innerartlichen Konkurrenz sein, da z.B. Lachs-Brütlinge ein bis zwei Wochen, nachdem sie das Kieslückensystem verlassen haben, ihr Territorialverhalten entwickeln. Allerdings konnten BEALL & MARTY (1983) nachweisen, daß die Abwanderung bereits vor der Ausprägung eines territorialen Verhaltens am Ende des Dottersackstadiums einsetzt.
- Wertvolle Laichbiotope befinden sich in Überschwemmungsbereichen oder auf Kiesbänken, die während der Laichzeit überflutet sind, bei zurückgehendem Wasserstand jedoch trocken fallen. In diesem Fall erfüllt die Abdrift von Larven aus den Laichbiotopen in flußabwärts gelegene Aufwuchsbiotope eine Schutzfunktion gegenüber dem Trockenfallen des Lebensraumes (PENAZ et al. 1992). Diese Hypothese wird auch von MARTY & BEALL (1987) aufgrund der beobachteten Larvaldrift von Lachsen aufgestellt.
- Verschiedentlich wird Nahrungsmangel als Ursache für die Larvendrift angegeben. Dem widersprechen z.B. Driftuntersuchungen im Susquehanna River (Pennsylvania, Vereinigte Staaten), bei denen festgestellt wurde, daß die Mundöffnung der meisten driftenden Larven noch nicht geöffnet war und deshalb eine Drift zur Nahrungsbeschaffung nicht in Frage kommt (GALE & MOHR 1978). Auch die Beobachtung, daß Lachslarven bereits gegen Ende des Dottersackstadiums abdriften, spricht gegen Nahrungsmangel als Auslöser der Drift.
- Schließlich wird von GALE & MOHR (1978) angenommen, daß im Susquehanna River (Pennsylvania, Vereinigte Staaten) die Wasserverschmutzung der wesentliche Grund für die Abwanderung der Larven ist. Da eine Aufwanderung gegen die Strömung aufgrund der zu geringen Größe und Schwimmkapazität der Larven nicht in Frage kommt, bleibt nur das Abdriften in sauberere Gewässerteile, wo die Belastung schon stärker verdünnt oder abgebaut ist. Gestützt wird diese Vermutung durch höhere Larvendichten im Mündungsbereich unbelasteter Zuflüsse.

### 4.3 Jungfische

Grundsätzlich führen Jungfische, mit Ausnahme der Wanderstadien anadromer Arten, eher Gegenstromwanderungen als stromabwärts gerichtete Ortsveränderungen durch, müssen sie doch den driftbedingt erlittenen Terrainverlust der Larven wieder ausgleichen. Bei Funktionskontrollen von Fischaufstiegsanlagen übertrifft deshalb die Anzahl aufsteigender Jungfische häufig diejenige der adulten Exemplare (SCHWEVERS & ADAM 1997b u.a.). Da Jungfische in der Regel noch nicht in der Lage sind, Territorien zu erobern und gegen adulte Artgenossen zu verteidigen, dürften sie tendenziell auch bei standorttreuen Arten eher der mobilen als der stationären Komponente einer Population zuzurechnen sein. Prinzipiell sind natürlich bei Jungfischen Wanderungen in beide Fließrichtungen anzunehmen, doch liegen über stromabwärts gerichtete Wanderungen kaum Informationen vor.

- Für den Lachs beschrieb bereits SCHEURING (1929), daß ein Teil der Parrs bereits im Sommer *„teils freiwillig, teils passiv bei Gewitterregen und Hochwasser"* die Laichgewässer verläßt und talwärts in den Hauptstrom wandert, wo sie sich meist in der Nähe der Mündung des Laichgewässers aufhalten.
- Ähnliche Beobachtungen wurden auch im Rahmen der Lachs-Wiederansiedlung im Mühlbach, einem rheinland-pfälzischen Zufluß der Lahn gemacht (SCHWEVERS & ADAM 1997a): Einsömmrige Lachs-Parrs, die im Herbst in den Dermbach, einen kleinen Zufluß des Mühlbachs, besetzt worden waren, wanderten zum größten Teil während des Winters in das Hauptgewässer ab. Hier bewegten sie sich zunächst fast ausschließlich bachabwärts. Im Verlauf des folgenden Frühjahrs wanderten sie aber zum Teil in die oberhalb der Mündung des Zuflusses gelegene Gewässerstrecke des Mühlbaches auf.

### 4.4 Juvenile Wanderstadien anadromer Arten

Bei Salmoniden werden die juvenilen Wanderstadien, z.B. von Lachs *(Salmo salar)* und Meerforelle *(Salmo trutta f. trutta)* als „Smolt" bezeichnet. Dies sind Exemplare mit silbriger Körperfärbung, die sich in verschiedenen Altersstadien, aber bei einer ähnlichen Größe von etwa 15 cm Totallänge, flußabwärts orientieren und ins Meer abwandern (THORPE & MORGAN 1978). Bevor sich die juvenilen Parrs zum Smolt umwandeln sind sie weitgehend standorttreu, besetzen Territorien, die sie gegenüber Artgenossen verteidigen und zeigen eine positive Rheotaxis.

Die Abwanderung ins Meer erfordert die Aufgabe verschiedener Anpassungen an das Süßwasser, z.B. morphologische und physiologische Umstellungen sowie schließlich auch eine Änderung des Verhaltens. Diese Veränderungen sind die Folge hormoneller Prozesse, die einer exogenen Steuerung durch Umweltfaktoren unterliegen. Eine Schlüsselfunktion kommt dabei dem Hormon Melatonin zu, das die Synthese von Prolaktin steuert, welches wiederum für den Mineralhaushalt des Fischkörpers verantwortlich ist. Da das Melatonin nur bei Dunkelheit synthetisiert wird, erfolgt die Steuerung seiner Produktion unmittelbar über die Länge der Photoperiode (THORPE 1984). Auf diese Weise wird die Smoltifizierung als Voraussetzung für die meerwärtige Wanderung von juvenilen Lachsen durch einen endogenen, circaannuellen Rhythmus gesteuert, dessen Zeitgeber die zunehmende Tageslänge im Frühjahr ist (JONSSON et al. 1990).

Die Migration wird durch verschiedene Faktoren und Mechanismen initiiert. Experimentelle Untersuchungen durch Injektion von Thyroxin belegen, daß dieses Hormon eine abnehmende Orientierung stromaufwärts, eine verringerte Aggressivität und sinkende Schwimmaktivität bewirkt (THORPE & MORGAN 1978). Entsprechend können auch im Freiland in abwandernden Lachssmolts erhöhte Thyroxinkonzentrationen, ansteigende Stoffwechselraten, ein erhöhter Sauerstoffbedarf im Gewebe sowie eine zunehmende Passivität festgestellt werden. Ferner wird die rheotaktische Orientierung beeinträchtigt und die optische Orientierungsfähigkeit stark eingeschränkt. Die retinale Adaptationsfähigkeit kann nicht mehr mit der abnehmenden Lichtintensität während der Dämmerung Schritt halten und infolge dessen tritt eine temporäre Nachtblindheit auf. Die verminderte Schwimmaktivität führt, bei steigenden Abflußmengen und Strömungsgeschwindigkeiten im Frühling, zu einer passiven Verfrachtung der Smolts in Richtung Meer. Dennoch müssen darüber hinaus auch aktive Verhaltenskomponenten an der Abwanderung beteiligt sein, da z.B. auch schwach durchströmte Seen durchquert werden (THORPE & MORGAN 1978).

Wie Untersuchungen nachweisen konnten, ist der wesentliche Auslöser der Smoltifizierung anadromer Salmoniden nicht das Alter, sondern die Körpergröße. Da Fische als wechselwarme Organismen in kalten Gewässern langsamer wachsen als in warmen, sind die Smolts bei vergleichbarer Größe um so älter, je weiter nördlich das Gewässer gelegen ist:

- In Nordnorwegen verlassen die Lachse *(Salmo salar)* ihr Reproduktionsgewässer erst in einem Alter von bis zu sechs Jahren (HVIDSTEN et al. 1995).

- Aus dem North Esk River (Schottland) wandern 46 % bis 76 % der Smolts zweijährig und 12 % bis 45 % der Smolts dreijährig ab. Nur wenige Exemplare emigrieren schon nach einem Jahr (DUNKLEY 1985).
- Nach LEONHARDT (1905) und SCHEURING (1929) wanderten die Lachssmolts aus dem Rheinsystem ein- bis zweijährig ab, wobei speziell im Schwarzwald und im Einzugsgebiet der Mosel fast alle Lachse bereits einjährig smoltifizierten.
- Im Gave d'Oloron im Adour-System (Südwestfrankreich) setzen sich die Smolts aus 60 % bis 70 % des Jahrgangs $1^+$, 25 % bis 35 % des Jahrgangs $2^+$ und 1 % bis 5 % des Jahrgangs $3^+$ zusammen. In der Nive, einem anderen Zufluß des Adour, sind es 90 % bis 95 % Smolts des Jahrgangs $1^+$ und 5 % bis 10 % des Jahrgangs $2^+$, während $3^+$-Smolts in diesem Gewässer nicht auftreten (DUMAS & MARTY 1987).

Diese Zusammenstellung von Angaben aus verschiedenen Fließgewässersystemen Europas zeigt, daß fast immer Lachs-Smolts *(Salmo salar)* verschiedener Jahrgänge aus einem Gewässer abwandern. Je nach den Witterungsbedingungen im Winter und Frühjahr können von Jahr zu Jahr beträchtliche Unterschiede in der Altersstruktur der Smolts auftreten. Grundsätzlich ist es so, daß die älteren Smolts früher aus einem Gewässer abwandern als die jüngeren. Dies stellten übereinstimmend u.a. BAGLINIÈRE (1976) für die Ellé (Normandie, Frankreich), DUNKLEY (1985) für den North Esk River (Schottland) und JONSSON et al. (1990) für die Imsa (Südwestnorwegen) fest. Selbst für Pazifische Lachse *(Oncorhynchus nerka)* wurde dies in identischer Weise beschrieben (WOOD et al. 1993).
Jüngste Erfahrungen mit der Lachs-Wiederansiedlung in rheinland-pfälzischen Rheinzuflüssen bestätigen, daß Lachse des Adour-Nive-Stammes entsprechend sowohl den Populationen in ihrem Ursprungsgewässer als auch in Übereinstimmung mit dem früheren Rheinlachs ein- bis zweijährig abwandern, während dreijährige Smolts extrem selten sind (SCHWEVERS & ADAM 1997a). Auch die frühere Abwanderung des Jahrgangs $2^+$ gegenüber den einjährigen Smolts konnte bestätigt werden.

Die Gesamtlänge von Lachs-Smolts beträgt unabhängig vom Gewässer zwischen 10 cm und 30 cm. Für Mitteleuropa können folgende Richtwerte gelten:

- Einsömmrige Smolts sind in der Regel 12 cm bis 14 cm lang,
- zweisömmrige Exemplare erreichen 14 cm bis 17 cm Gesamtlänge und
- ältere Smolts mit einer Körperlänge von mehr als 18 cm sind extrem selten.

Beispielhaft ist in Abb. 4 die Längenfrequenz von Lachs-Smolts dargestellt, die im Frühjahr 1996 im Unterwasser der Staustufe Lahnstein in der Lahn registriert wurden. Diese Exemplare sind ausnahmslos auf Wiederansiedlungsmaßnahmen mit Lachsen des Adour-Nive-Stammes (Südwestfrankreich) im rheinland-pfälzischen und hessischen Teil des Lahnsystems zurückzuführen (SCHWEVERS & ADAM 1997a, 1997d).

Auch über die Abwanderungsstadien anderer anadromer Fischarten finden sich in der Literatur genaue Angaben:

- In deutschen Fließgewässersystemen unterliegen Abwanderungsgröße und -alter von Meerforellen *(Salmo trutta f. trutta)* weitaus größeren Schwankungen als beim Lachs, da die Rekrutierung des Meerforellenbestandes u.a. aus potamodromen Bachforellenpopulation erfolgt, aus denen hauptsächlich Exemplare älterer Jahrgänge abwandern (SCHEURING 1929). Ansonsten aber ist die Charakteristik von Meerforellen-Smolts derjenigen der Lachs-Smolts sehr ähnlich. So bestätigen BOHLIN et al. (1996), daß einsömmrige Meerforellen-Smolts in der Regel später abwandern, als zweisömmrige Exemplare. Im Rahmen der Meerforellen-Wiederansiedlung in der Lahn, für die Nachkommen aus Wildfängen in rheinland-pfälzischen Rheinzuflüssen verwendet werden, wurden bislang ausschließlich einsömmrige Meerforellen-Smolts *(Salmo trutta f. trutta)* mit Körperlängen von 13 cm bis 18,5 cm registriert (SCHWEVERS & ADAM 1997a). Hiermit ist belegt, daß die Meerforelle im Lahnsystem deutlich schneller wächst, als der Lachs *(Salmo salar)*. Ob in diesen Gewässern ältere Meerforellen-Smolts nicht auftreten, oder aber bereits mindestens einen Monat vor den einsömmrigen Exemplaren abwandern, ist noch zu klären.
- Da differenzierte Informationen über die Abwanderung juveniler Stinte *(Osmerus eperlanus)* nicht verfügbar sind, zumal sich die Reproduktionsgebiete dieser Fischart auf Brackwasserbereiche konzentrieren, ist der Angabe von SCHEURING (1929), nach der junge Stinte im September und Oktober nach dem Schlupf in der Elbe langsam ins Meer abwandern, nichts hinzuzufügen.
- Wie die Querder des Bachneunauges *(Lampetra planeri)* leben auch die Larven des Flußneunauges *(Lampetra fluviatilis)* verborgen im Feinsediment des Gewässergrundes und ernähren sich filtrierend. Ihre Metamorphose vollzieht sich nach SCHEURING (1929) noch im Süßwasser bei einer Körperlänge von 12 cm bis 15 cm. HOLCIK (1986) gibt die Gesamtlänge bei der Abwanderung mit 8 cm bis 13 cm an.
- Die Larven des Meerneunauges *(Petromyzon marinus)* wandeln sich im Alter von 5 bis 8 Jahren zum abwanderungsbereiten Tier um. Ihre Größe beträgt bei der Abwanderung ca. 15 cm (HOLCIK 1986).

- Juvenile Atlantische Störe *(Acipenser sturio)* verbringen nach MOHR (1952) ein bis zwei Jahre im Süßwasser. Sie erreichen im ersten Jahr eine Gesamtlänge bis zu 30 cm, im zweiten Jahr 40 cm bis 60 cm.
- Juvenile Maifische *(Alosa alosa)* und Finten *(Alosa fallax)* wandern bereits im ersten Herbst ins Meer ab. Nach EHRENBAUM (1894) beträgt die Größe von Finten zu diesem Zeitpunkt bereits 8 cm bis 12 cm.

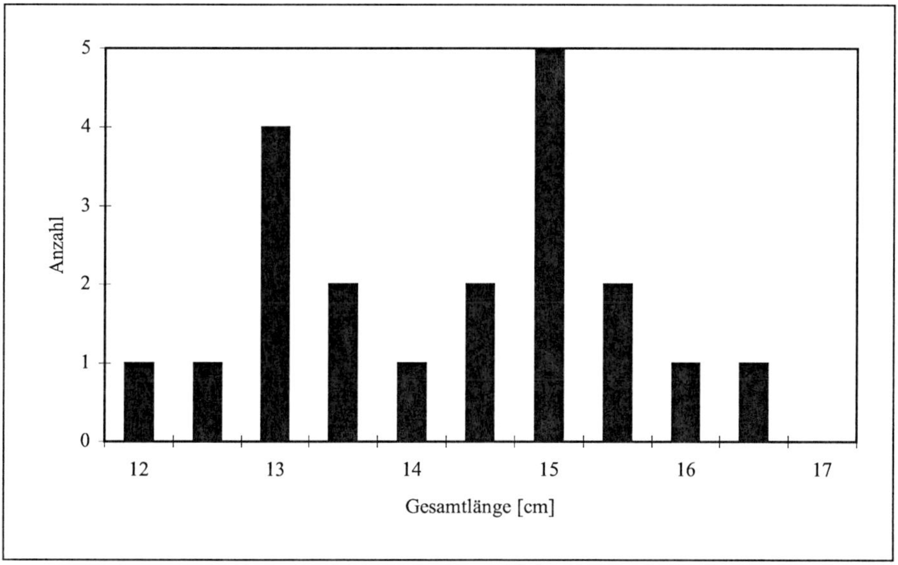


Abb. 4: Längenfrequenz von Lachssmolts der Jahrgänge $1^+$ und $2^+$, die im Frühjahr 1996 im Unterwasser der Staustufe Lahnstein in der Lahn registriert wurden

## 4.5 Adulte Wanderstadien anadromer Arten

Meerneunaugen *(Petromyzon marinus)* und Flußneunaugen *(Lampetra fluviatilis)* sterben grundsätzlich nach dem Ablaichen ab. Andere anadrome Arten können die Laichzeit aber durchaus überleben, wieder ins Meer zurückkehren und danach ein zweites bis mehrere Male ablaichen. Ins Meer zurückkehrende, abgelaichte Lachse werden als Kelts (engl.: „kelt", franz.: „bécard") bezeichnet. Die Überlebensrate des Atlantischen Lachses *(Salmo salar)* wird nach dem Ablaichen je nach Gewässer sehr unterschiedlich eingeschätzt (BAGLINIÈRE & FONTENELLE 1980):

- Im Shannon (Irland) auf 11,1 % bei den Milchnern und auf 22 % bis 30 % bei den Rognern.
- Im Burryshoole (Irland) ist die Überlebensrate der Rogner mit bis zu 50 % sechs mal so hoch wie die der Milchner.
- Im Axe (Südwestengland) beträgt die Überlebensrate 51 % bis 93 % bei den Weibchen und 3 % bis 27 % bei den Männchen.
- Die Überlebensrate abgelaichter Lachse im Fluß Imsa (Südwestnorwegen) erreicht bei den Männchen 64,5 % und bei den Weibchen 85,3 % (JONSSON et al. 1990).

Bei Kelts handelt es sich somit zum größten Teil um Rogner (BAGLINIÈRE & FONTENELLE 1980). Die Überlebensrate mag genetisch bedingt sein, hängt aber vor allem von der Kondition ab: Der Gewichtsverlust, der mit dem Gesamtzustand des Tieres korrespondiert, darf je nach Autor 31 % bis 40 % bzw. 45 % nicht überschreiten. Nach milden, feuchten Wintern ist die Überlebensrate deshalb besonders hoch. Die Überlebensrate hängt auch von der Dauer des Süßwasseraufenthaltes sowie der Länge und Schwere des Wanderweges ab. Insbesondere die zum zweiten Mal ablaichenden Weibchen können sich in nicht unwesentlichem Umfang an der Gesamtreproduktion eines Jahres beteiligen. Im Shannon (Irland) beträgt ihr Anteil an der Gesamtfruchtbarkeit der Population schätzungsweise 12 %; in bretonischen Gewässern könnte dieser Anteil nach BAGLINIÈRE & FONTENELLE (1980) noch größer sein.

Abgelaichte Meerforellen *(Salmo trutta f. trutta)* ziehen sich nach dem Ablaichen in Stillwasserbereiche und Kolke zurück und beginnen sehr bald mit dem Fressen, gehen aber erst im nächsten Frühjahr von Januar bis Mai in das Meer zurück (SCHEURING 1929).

Beim Maifisch *(Alosa alosa)* geht nach dem Laichen ein großer Teil der Fische ein, andere erreichen jedoch das Meer und steigen im nächsten Jahr noch einmal auf (SCHEURING 1929).

Abgellaichte Stinte *(Osmerus eperlanus)* wandern nach Angaben von SCHEURING (1929) bald nach der Fortpflanzung ins Meer zurück.

### 4.6 Juvenile Exemplare katadromer Arten

Über die Abwanderung von Gelbaalen *(Anguilla anguilla)* erteilt SCHEURING (1930) umfassend Auskunft: *„Bei seinen Wanderungen zeigt der Aal ebensoviel Geschick als auch Ausdauer und gelangt selbst in abgeschlossene Seen oder Teiche oder auch aus ihnen heraus. Die schwächste Wasserader, Rinnsale vom Regenwasser nur für Tage oder Stunden gebildet, werden zum Marschweg; natürliche und künstliche, unterirdische Verbindungen - in der Tiefe fließende Fluß- und Bachläufe, als auch Wasserleitungs- und Drainagesysteme - sind willkommene und oft benutzte Engpässe; aber gelegentlich genügen auch sumpfige Geländestriche, lockere Stellen im Bereiche des Grundwassers, quellige Partien des Erdreiches, schwammiger Moorboden oder gar gut beregnete und betaute Wiesen, um dem findigen Aal seinen Weg zu einer anderen Wasseransammlung zu ermöglichen."*

Über Fälle, daß Aale sich aus Pumpenröhren oder Zapfstellen von Wasserleitungen herauswinden, wird oft berichtet. So erwähnt LEONHARDT (1905), daß er selber erlebte, wie ein Aal in Hamburg im zweiten Stock eines Hauses aus der Wasserleitung herausschlüpfte. Angaben und Beobachtungen über das Vorkommen von Aalen in feuchtem Boden, mehr oder weniger weitab von einem Wasserlauf, liegen ebenfalls in großer Anzahl vor (u.a. STREMPEL 1997), jedoch ist häufig nicht zu entscheiden, in wie weit sich bei diesen Berichten Wahrheit und Dichtung mischen.

Insbesondere in Fließgewässersystemen führen Gelbaale jedoch großräumige Wanderbewegungen durch:

- Die jährlich sehr unterschiedlichen Fangzahlen von Aalen durch die Berufsfischerei in der Elbe werden von KOOPS (1962) auf eine wasserstandsabhängige Wanderung dieser Fische zurückgeführt. Es wurde schon früher beobachtet, daß die Aale bei steigendem Wasserstand aufwärts wandern und dabei bevorzugt mit in Ufernähe exponierten Reusen gefangen werden. Der Wiederfang markierter Exemplare in der Elbe ergab, daß Aale bei steigendem Wasserstand bis zu 4 km stromauf wanderten. Hingegen halten sich die Aale bei fallendem Wasserstand abwärts wandernd eher in der Mitte des Stromes auf. Diese Abwärtswanderungen erstreckten sich über Entfernungen bis zu 103 km. Da die gefangenen Tiere überwiegend Gelbaale waren, wurde vermutet, daß es sich um Nahrungswanderungen handelte.
- In der Mittelelbe wurden insgesamt 677 Gelbaale markiert und wieder ausgesetzt. Die Wiederfangquoten betrugen zwischen 8,9 % und 20 %. Aufwärts wanderten durchschnittlich 11 % der Tiere, 48 % änderten ihren Aufenthaltsort nicht wesentlich, so daß sie am Besatzort wiedergefangen wurden und 41 % der Aale wanderten abwärts. Der größte Teil der Tiere hatte dabei

Entfernungen um 40 km zurückgelegt. Einzelne Tiere wanderten binnen 6 Wochen bis zu 100 km weit (MANN 1965).

- Im Gewässersystem der Kinzig, einem hessischen Zufluß des Main, konnte nachgewiesen werden, daß Aale, die aus Teichanlagen entweichen oder als Besatz in rhithrale Fließgewässer gelangen, bachabwärts wandern, bis sie potamale Gewässer erreichen (SCHWEVERS & ADAM 1992).

## 4.7 Adulte Wanderstadien katadromer Arten

Nach einem Aufenthalt von 5 bis 15 Jahren im Süßwasser, wandelt sich der Gelbaal zum Blankaal um. Dieser Prozeß ist mit tiefgreifenden morphologischen und physiologischen Veränderungen verbunden und trennt zwei Etappen im Leben des Aales. Damit handelt es sich um eine Metamorphose im engeren Sinne. Die Metamorphose und Abwanderung des Aales wird bereits von SCHEURING (1930) detailliert beschrieben: *„Rein äußerlich markiert sich das Herannahen der Wanderzeit in einem Farbwechsel des Fisches. Die gewöhnlichen Gelb- oder Grünaale werden zu Blankaalen, d.h. die stumpfen, olivfarbenen bis grünlichen Töne der Rückenfärbung des Aales werden dunkler, schwarzbraun bis glänzend schwarz und die bronzefarbenen, gelblichen Flanken und der Bauch werden weiß bis silbrig und zeigen immer Metallglanz. Neben dem Farbwechsel der Haut vollziehen sich noch eine ganze Reihe von morphologischen Veränderungen: die Haut wird fester und dicker, die Seitenlinie tritt stärker hervor und wird verzweigt, das Geruchsorgan schwillt an und besonders der Kopf erleidet starke Umformungen. Dadurch, daß die fleischigen Oberlippen zusammenschrumpfen, wird die Kopfform selbst beim Spitzkopfaal noch schlanker. Besonders auffallend ist die von allen Beobachtern betonte Vergrößerung der Augen, deren Durchmesser um 1,2 mm zunimmt. Der Aal braucht ¾ bis 1 Jahr, um sein Wanderkleid anzulegen"*.

Diese Angaben werden u.a. von FONTAINE (1994) präzisiert und ergänzt.

- Aufgrund der Möglichkeit, durch erhöhten Druck die Gonadotropinproduktion zu stimulieren und der seltenen Fänge abwandernder Aale im Meer muß man davon ausgehen, daß die Aale in der Tiefe des Meeres wandern. Viele der Charakteristika des Blankaales können als Adaptationen an die Wanderung am Meeresgrund angesehen werden.
- Die Umfärbung vom Gelb- zum Blankaal ist auf die vermehrte dorsale Ablagerung von Melanin sowie ventraler Purineinlagerung in der Haut zurückzuführen. Diese an der Oberseite dunkle und bauchseits hellere Färbung des Aales bietet im marinen Milieu einen optischen Schutz. Da

jedoch insbesondere bei den Gelbaalen die Färbung stark variieren kann, ist dieses Merkmal allein zum Nachweis des Wanderstadiums des Aales nicht ausreichend.

- Die Umwandlung zum Blankaal ist mit einer Verdickung der Haut verbunden.
- Es findet eine allgemeine Vergrößerung der Sinnesorgane, z.B. des Seitenlinienorganes, des Riechepithels und der Augen statt. Im Auge erhöht sich der Anteil der Stäbchen und statt des Porphyropsin beim Gelbaal dominiert beim Blankaal das Rhodopsin. In Kombination mit der Vergrößerung der Augen handelt es sich hierbei um eine Anpassung an die Lichtverhältnisse im Meer.
- In der Schwimmblasenwand erhöht sich der Guaninanteil um ca. 50 %, die Wundernetze sind deutlich vergrößert. Diese Veränderungen der Schwimmblase sichern die Funktion dieses Organs auch bei hohem Druck.
- Blankaale stellen ebenso wie die Wanderformen anderer Fische die Nahrungsaufnahme ein, womit umfangreiche physiologische Veränderungen verbunden sind.
- Ferner beginnen sich die Geschlechtsorgane zu entwickeln. Aale weisen einen deutlichen Geschlechtsdimorphismus auf, der sich vor allem in einem unterschiedlichen Wachstum äußert. Entsprechend lassen sich männliche und weibliche Blankaale anhand ihrer Körpergröße differenzieren: Die mittlere Länge beträgt bei männlichen Exemplaren 35 cm bis 41 cm, bei weiblichen Blankaalen hingegen 50 cm bis 61 cm.

Da sich die Metamorphose zum Blankaal im Süßwasser vollzieht, entwickeln sich die Merkmale des Abwanderungsstadiums nicht als Folge eines Wechsels des Lebensraumes, sondern aufgrund endogener Vorgänge. Dabei werden zwei Phasen der Metamorphose unterschieden, denen sich die Abwanderung im Süßwasser anschließt:

- Erste, von der Größe des Aales unabhängige Veränderungen, beginnen bereits im Frühjahr, lange vor der Umfärbung, die zumeist im August oder September erfolgt (FONTAINE 1994).
- Von der Gesamtanzahl abwanderungsbereiter Blankaale wandert ein unterschiedlich großer Anteil zwischen August und Dezember tatsächlich ab (JENS 1953). Die Blankaal-Metamorphose kann sich also über mehr als ein Jahr erstrecken. Damit muß die Umfärbung nicht unbedingt auch mit einer Abwanderung im gleichen Jahr einhergehen (FONTAINE 1994).
- Die Aalmigration wird nach VOLLESTAD et al. (1986) insbesondere durch zu niedrige herbstliche Wassertemperaturen unterbrochen. Tiere, die dann noch nicht abgewandert sind, wandern erst im Herbst des darauffolgenden Jahres ab.

## 4.8 Adulte Wanderstadien potamodromer Arten

Stromaufwärtsgerichtete Wanderungen potamodromer Arten wurden vor allem in Form der Laichwanderungen adulter Exemplare vielfach beschrieben. Der auffällige Massenaufstieg der Cypriniden im Frühjahr läßt sich leicht beobachten. So wurden z.B. im Rahmen der Funktionskontrollen von Fischaufstiegsanlagen maximale Aufstiegszahlen in der Regel zur Zeit der Laichwanderung dokumentiert (PELZ 1985, BORN 1995, SCHWEVERS & ADAM 1997b).

Diesen aufwärts gerichteten Wanderungen müssen zwangsläufig Rückwanderungen im gleichen Umfang gegenüber stehen. Dies bestätigte STEINMANN (1937), der bei umfangreichen Markierungsuntersuchungen in Donau, Rhein, Main, Neckar etc. feststellte, daß sich bei den Wiederfängen markierter Cypriniden Auf- und Abwanderungen annähernd die Waage hielten. KOCH (1932) wies durch Besatz von insgesamt 3.769 individuell markierten Fischen in Rhein, Main und Neckar sowie den Wiederfang von 444 Exemplaren nach, daß der aufwärts gerichteten Laichwanderung im Frühjahr eine allgemeine Abwanderungstendenz im Winter gegenüber steht. Die Abwanderung adulter Exemplare erfolgt jedoch offensichtlich zeitlich weniger stark synchronisiert und damit nicht unbedingt schwarmweise (STEINMANN 1937). Auch lassen sich diese Abwanderungen im Rahmen von Fischpaßkontrollen nicht nachweisen, so daß insgesamt über stromabwärts gerichtete Wanderbewegungen adulter Exemplare potamodromer Arten, über die Markierungsversuche von KOCH und STEINMANN hinaus, nur wenige Informationen vorliegen.
In der Wieseck, einem Zufluß der Lahn (Hessen), wandern insbesondere Plötze *(Rutilus rutilus)*, Gründling *(Gobio gobio)* und Hasel *(Leuciscus leuciscus)*, die im Frühjahr aus der Lahn in die Wieseck zum Laichen aufsteigen, bis zum Herbst wieder in das Hauptgewässer ab. Die Bestandsschwankungen zwischen Frühjahr und Herbst konnten für den 6 km langen Unterlauf der Wieseck auf mehrere 1.000 Individuen beziffert werden (SCHWEVERS 1988).

## 5 Zeitgeber der Abwanderung

Die Zeitgeber für die Wanderbewegungen von Fischen sind sowohl physiologischer Natur als auch auf Umwelteinflüsse zurückzuführen (NORTHCOTE 1984). Bei diadromen Arten wird die Metamorphose zu den jeweiligen Wanderstadien (Smolt bzw. Blankaal) zunächst hormonell eingeleitet, wobei Umweltreize als Zeitgeber fungieren, so daß die Abwanderungsbereitschaft zu bestimmten Jahreszeiten einsetzt.

Untersuchungen in den norwegischen Flüssen Orkla und Imsa belegen, daß der wichtigste Faktor für den Beginn der Metamorphose des Atlantischen Lachses *(Salmo salar)* vom Parr zum Smolt die Länge der Photoperiode ist (JONSSON & RUUD-HANSEN 1985, HVIDSTEN et al. 1995).
Als Zeitgeber für den exakten Zeitpunkt der Abwanderung dienen sodann verschiedene Umweltfaktoren, die eine Synchronisation der im Gewässer vorhandenen Wanderstadien bewirken. Hierdurch ist es durchaus möglich, daß die Abwanderung erst mehrere Monate nach der Metamorphose ausgelöst wird (THORPE & MORGAN 1978). Entsprechend der Abhängigkeit des Abwanderungszeitpunktes von Umweltparametern, wandern Fische der selben Art nicht nur in verschiedenen Gewässern zu unterschiedlichen Zeiten ab, sondern auch im selben Gewässer kann sich der Abwanderungszeitpunkt je nach den Witterungsbedingungen von Jahr zu Jahr erheblich verschieben (BAGLINIÈRE 1976, DUNKLEY 1985, VOLLESTAD et al. 1986).

Die Herstellung eines kausalen Zusammenhanges zwischen bestimmten Umweltfaktoren und der Abwanderung von Fischen bereitet aufgrund verschiedener Phänomene erhebliche Schwierigkeiten (JONSSON 1991):

- Bei verschiedenen Arten können unterschiedliche Umweltreize als Zeitgeber fungieren.
- Auch innerartlich können in Anpassung an unterschiedliche Umweltbedingungen gewässerspezifisch verschiedene Zeitgeber wirksam sein.
- Die Wanderung verschiedener Altersgruppen oder Entwicklungsstadien aus dem selben Gewässer, z.B. Gelbaale und Blankaale oder Lachsbrut bzw. Smolts, kann sich zu unterschiedlichen Zeitpunkten vollziehen und durch verschiedene Zeitgeber ausgelöst werden.
- Die Abwanderung wird häufig nicht durch einen einzigen, sondern durch eine Kombination verschiedener Zeitgeber ausgelöst, die sich gegenseitig beeinflussen. So kann der lunare Rhythmus der Blankaal-Wanderung von dem stark und unperiodisch wirkenden Einflußfaktor des Abflußregimes überlagert und unterdrückt werden (JENS 1953).

- Es existiert offensichtlich eine Hierarchie der Zeitgeber. Fällt der primäre Zeitgeber, z.B. das Frühjahrshochwasser aus, können bei zunehmender Verzögerung der Abwanderung auch andere Umweltfaktoren, z.B. steigende Wassertemperaturen, die normalerweise nicht als Zeitgeber fungieren, die Abwanderung auslösen. So kann die Larvendrift von Lachsen bei gleichbleibendem Abfluß auch durch einen Anstieg der Wassertemperatur ausgelöst werden (BEALL & MARTY 1983).
- Schließlich muß eine Synchronität zwischen Fischabwanderung und bestimmten Umweltfaktoren nicht zwangsläufig einen kausalen Zusammenhang belegen.

Aufgrund dieser komplexen Zusammenhänge wurde lange über die Zeitgeber für die Abwanderung der verschiedenen Arten spekuliert. GERHARDT (1893) vermutete, daß der Wanderungsbeginn der Blankaale von den Mondphasen, der Wassertemperatur, der Entfernung zum Meer und *„vom Grad der Verwesung des im Flusse vorhandenen Krautes"* abhängig sei. Im Laufe der letzten Jahrzehnte konnte die Rolle verschiedener Zeitgeber für die Abwanderung von Fischen zwar wesentlich präzisiert werden, doch nach wie vor sind Ursachen und Wirkungen sowie das Zusammenspiel verschiedener Faktoren, die den Abwanderungszeitpunkt bestimmen, ungeklärt. Unabhängig von der betrachteten Art lassen sich jedoch Faktoren benennen, die offensichtlich eine herausragende Rolle als Zeitgeber spielen:

- Abfluß
- Temperatur
- Mondphase

Auch über eine Funktion von Umweltfaktoren wie Wassertrübung oder Witterungsbedingungen als Zeitgeber wurde gelegentlich spekuliert, doch konnte bei gezielten Untersuchungen kein signifikanter Einfluß auf die Wanderaktivität von Fischen nachgewiesen werden (ALLEN 1944, JONSSON & RUUD-HANSEN 1985).

## 5.1 Abfluß

Eine Abwanderung von Fischen bei erhöhter Wasserführung der Fließgewässer hat insbesondere den Vorteil, daß der Fisch, ohne Energie für Schwimmaktivitäten zu verbrauchen, flußabwärts transportiert wird (JONSSON 1991). Ferner bieten bei erhöhter Wasserführung Strömungsgeschwindigkeit, Turbulenz und gewellte Wasseroberfläche besseren Schutz vor Prädatoren.

Der Anstieg der Wasserführung synchronisiert die Abwanderung und bestimmt die Wandergeschwindigkeit sowie deren Richtung. Entsprechend sind hohe bzw. steigende Abflüsse vielfach als primärer Auslöser für die Abwanderung von Fischen, speziell von Wanderstadien diadromer Arten beschrieben worden.

- Die Abwanderung von Meerneunaugen *(Petromyzon marinus)* erfolgt bei erhöhtem Wasserabfluß, speziell beim ersten Frühjahrshochwasser (HANSON & SWINK 1989, JONSSON 1991).
- Bereits LEONHARDT stellte 1905 fest, daß der größte Teil der Lachs-Smolts *(Salmo salar)* die Flüsse mit dem Frühjahrshochwasser verläßt.
- In den Flüssen Thurso (Schottland), Ellé (Normandie), Orkla (Norwegen) und Gave d'Aspe (Südwestfrankreich) fungiert der Abfluß als primärer Zeitgeber der Smolt-Abwanderung des Lachses (ALLEN 1944, BAGLINIÈRE 1976, HESTHAGEN & GARNAS 1986, INGENDAHL 1993).
- Als wesentlicher Auslöser der Smoltwanderung des Lachses *(Salmo salar)* wird in der Regel nicht ein Anstieg des Abflusses, sondern dessen absolute Höhe beschrieben. HVIDSTEN et al. (1995) belegen dies z.B. für den Fluß Orkla (Norwegen).
- Die Emigration besetzter Lachse *(Salmo salar)* aus dem Lahnsystem hingegen zeigte 1996 synchron für ein- und zweisömmrige Smolts eine eindeutige Korrelation mit steigenden Wasserständen (Abb. 5). Da während des gesamten Frühjahrs niedrige Abflüsse herrschten, erfolgte die Abwanderung bei Abflüssen weit unter Mittelwasser (SCHWEVERS & ADAM 1997a).
- Im Fluß Imsa (Südwestnorwegen) konnten keinerlei signifikante Korrelationen zwischen der Smoltwanderung und dem Abfluß festgestellt werden (JONSSON & RUUD-HANSEN 1985).

Lachsbrut verhält sich bei der Abwanderung völlig anders als Lachs-Smolts; ihre stromabwärts gerichtete Ausbreitung erfolgt vorzugsweise bei fallendem bzw. niedrigem Wasserstand (BEALL & MARTY 1983). Bereits geringfügige Verringerungen des Abflusses können starke Abwanderungswellen auslösen (MARTY & BEALL 1987). Auch auf das Wanderverhalten des Aales *(Anguilla anguilla)* hat der Abfluß einen entscheidenden Einfluß. Bei dieser Art reagieren verschiedene Entwicklungsstadien ebenfalls exakt entgegengesetzt:

- Verschiedene Untersuchungen belegen, daß Gelbaale bei steigendem Wasser stromauf, bei fallendem Wasser jedoch stromab ziehen (KOOPS 1962, MANN 1965). Nach SCHIEMENZ (1960) zeigen auch die frühen Blankaalstadien während des Sommers noch ein derartiges Verhalten.

- Die definitive Laichwanderung der Blankaale hingegen wird nach übereinstimmenden Befunden zahlreicher Autoren durch steigende Wasserstände ausgelöst (SCHEURING 1930, LOWE 1952, JENS 1953, SCHIEMENZ 1960, JONSSON 1991). Im Gegensatz zu den Verhältnissen beim Lachs ist der auslösende Faktor der Blankaalwanderung jedoch offensichtlich nicht der absolute Wasserstand, sondern ein Anstieg der Wasserführung. So sind Abwanderungsmaxima häufig dann zu verzeichnen, wenn die Wasserführung nach längeren herbstlichen Niedrigwasserperioden infolge von Regenfällen erstmals wieder ansteigt, ohne daß hierbei auch nur der Mittelwasserabfluß erreicht wird.

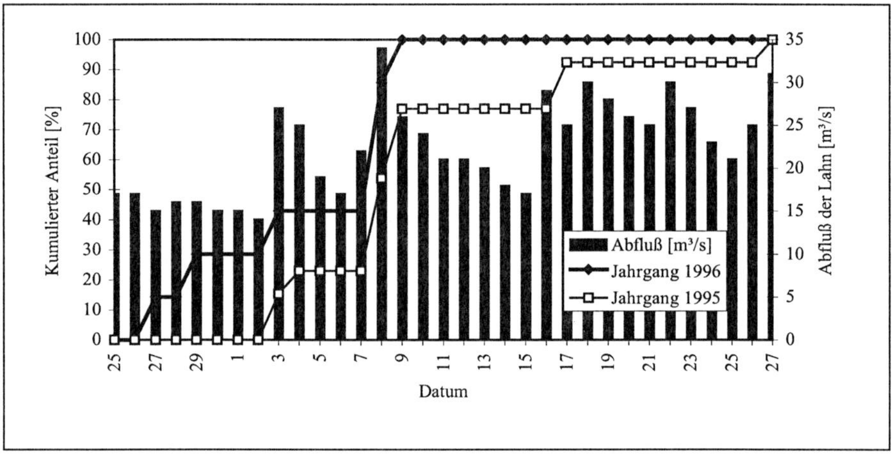


Abb. 5: Korrelation zwischen abwandernden Lachsen und steigenden Wasserständen im Lahnsystem in der Zeit vom 25. April bis 27. Mai 1996

## 5.2 Temperatur

Nur selten wird die Temperatur als primärer Zeitgeber der Abwanderung von Fischen genannt: Allerdings kann die Wassertemperatur in Gewässern, in denen Hochwässer normalerweise nicht mit der Abwanderung von Fischen zusammenfallen, eine wesentliche Rolle als Zeitgeber übernehmen (JONSSON 1991). So löst ein Anstieg der Wassertemperatur in einigen Gewässern die Abwanderung von Lachs-Smolts aus:

- Im Fluß Imsa (Südwestnorwegen) ist der Zusammenhang zwischen Wassertemperatur und Abwanderung der Lachs-Smolts *(Salmo salar)* hoch signifikant. Der Beginn der Wanderung erfolgt jeweils bei Wassertemperaturen zwischen 5,8 °C und 11,2 °C. Der entscheidende Faktor ist offenbar nicht die absolute Temperatur oder die Zahl der Tagesgrade, sondern eine Kombination aus aktueller Wassertemperatur und dem Temperaturanstieg im Frühling (JONSSON & RUUD-HANSEN 1985).
- Der Zeitpunkt der Abwanderung von Smolts pazifischer Wandersalmoniden im Snake River fällt direkt mit einem Anstieg der Wassertemperatur von ca. 0 °C auf 6 °C bis 7 °C zusammen. Bei weiterem Anstieg auf nahe 10 °C wandern die meisten Fische ab (RAYMOND 1979).

In der Mehrzahl der Fälle ist die Wassertemperatur zwar nicht unmittelbar Auslöser abwärts gerichteter Wanderungen, doch kann der Abfluß als Zeitgeber nur wirksam werden, wenn bestimmte Temperaturverhältnisse herrschen. Exakte Schwellenwerte können aber nur in seltenen Fällen definiert werden.

- Lachs- und Meerforellen-Smolts *(Salmo salar* und *Samo trutta f. trutta)* wandern in vielen Gewässern erst bei Wassertemperaturen über 10 °C ab (JONSSON 1991).
- Die Abwanderung der Lachs-Smolts *(Salmo salar)* im Fluß Orkla (Norwegen) beginnt bei Wassertemperaturen zwischen 1,7 °C und 4,4 °C. Die meisten Smolts wanderten zwischen 2 °C und 8 °C, wenngleich der primäre Zeitgeber hier der Abfluß ist (HVIDSTEN et al. 1995). Die Wanderaktivität von Lachs-Smolts begann bei Laborexperimenten in Norwegen Ende Mai bei 10 °C bis 11 °C und erreichte Mitte Juni ihren Höhepunkt, einhergehend mit einem deutlichen Anstieg der Wassertemperatur (FÄNGSTAM et al. 1993).
- Hohe Wanderaktivität abwandernder Blankaale *(Anguilla anguilla)* herrscht im Fluß Imsa (Südwestnorwegen) bei Wassertemperaturen zwischen 9 °C und 12 °C mit einem Maximum bei 9 °C, wobei keine Schwellentemperatur für die Auslösung der Wanderaktivität festgestellt werden konnte. Wenige Aale wanderten bei Temperaturen unter 4 °C oder über 18 °C ab. Es wurde beobachtet, daß die Aalmigration bei zu niedrigen Temperaturen abgebrochen wird und die Tiere, die noch nicht das Meer erreicht haben, erst im Herbst des darauffolgenden Jahres abwandern (VOLLESTAD et al. 1986).

- Im Fluß Glomma (Norwegen) wurden erste Abwanderungen von Bachforellen *(Salmo trutta f. fario)* und Äschen *(Thymallus thymallus)* im Mai beobachtet, wenn die Wassertemperatur 6 °C überschreitet (LINLÖKKEN 1993).

## 5.3 Mondphase

Lunare Rhythmen sind in der Tierwelt, insbesondere im marinen Milieu, weit verbreitet. Bereits ab 1887 wurde mehrfach in Forschungsarbeiten der Versuch unternommen, die beobachtete Abhängigkeit der Schwankungen im Wanderrhythmus von stromabwärts wandernden Blankaalen *(Anguilla anguilla)* von der Mondperiode aufzuklären:

- Nach SCHEURING (1930) zeigt der Aal bei Vollmond keine Wanderaktivität. Diese setzt erst 8 bis 10 Tage nach Vollmond ein und erreicht ihr Maximum bei Neumond.
- Durch Berechnungen auf der Grundlage großer Fangzahlen am Oberrhein und im Westen der Insel Rügen konnte JENS diese Angaben präzisieren (1953). Er ermittelte ein regelmäßiges Anschwellen der Fangzahlen zur Zeit abnehmenden Halbmondes, d.h. am 22. Tag der Mondperiode und ein Minimum bei zunehmendem Halbmond am 7. bis 8. Tag der Mondperiode.
- Auch im Fluß Burrishoole (Irland) wurde ein Maximum der Wanderaktivität bei abnehmendem Halbmond festgestellt (POOLE et al. 1990).
- LEATHERLAND et al. (1992) bestätigten ebenfalls, daß die meerwärtige Wanderung adulter Aale vor allem bei abnehmendem Mond stattfindet. Sie nehmen an, daß der Vollmond die adulten Aale stimuliert und diese anschließend bei abnehmendem Mond in Richtung Küste abwandern.
- In englischen Gewässern wurden maximale Abstiegszahlen von Aalen jeweils bei Hochwasser in mondlosen Nächten registriert. Fiel ein Hochwasser mit Vollmond zusammen, war die Abwanderung jeweils stark reduziert. In Neumondnächten wurden Abwanderungspeaks auch ohne Anstieg des Abflusses registriert (LOWE 1952).
- Im Fluß Imsa (Südwestnorwegen) hingegen wurde keine Korrelation zwischen Mondphase und Abwanderungsbeginn festgestellt (VOLLESTAD et al. 1986).

Gegen die Wirkung der Intensität des Mondlichtes als Steuergröße der Wanderaktivität von Aalen spricht, daß die Anzahl abwandernder Aale nicht in Dunkel- oder Vollmondnächten am höchsten ist, sowie die Beobachtung, daß bei gleichen Lichtverhältnissen während zunehmendem Mond das

Minimum, bei abnehmendem Mond hingegen das Maximum der Wanderintensität vorliegt (JENS 1953).

Auch ein Einfluß der Mondphase auf die Abwanderung von Lachs-Smolts *(Salmo salar)* wurde von verschiedenen Autoren beschrieben, doch sind die Angaben widersprüchlich:

- Nach LEATHERLAND et al. (1992) wirkt der Vollmond als Zeitgeber. In dieser Zeit verlassen aber nur wenige Smolts den Fluß, die größte Wanderaktivität ist mit dem Neumond assoziiert.
- Im Fluß Orkla (Norwegen) hingegen wurden Maxima der Smoltabwanderung sowohl bei Voll- als auch bei Neumond registriert (HVIDSTEN et al. 1995).
- Im Fluß Imsa (Südwestnorwegen) konnten keine signifikanten Korrelationen zwischen der Smoltwanderung und der Mondphase festgestellt werden (JONSSON & RUUD-HANSEN 1985).

Die Drift von Lachsbrut vollzieht sich bevorzugt bei Neumond, während helle Vollmondnächte die Abwanderung hemmen (MARTY & BEALL 1987).

## 6 Rhythmik der Abwanderung

Biologische Rhythmen, deren Periodizität mit wichtigen Ereignissen in der abiotischen Umwelt korreliert ist, sind in der Natur ein weitverbreitetes Phänomen. Die generellen Eigenschaften und Ähnlichkeiten der beobachteten Rhythmen bei den verschiedensten Organismen legen den Verdacht nahe, daß es sich dabei um ein fundamentales und uraltes Wirkprinzip handelt. So ist auch der ultradiane Rhythmus, der eine Periodizität von weniger als 20 Stunden aufweist, endogen bedingt und scheint eine universelle Eigenschaft des Lebendigen zu sein. Endogene Rhythmen werden durch externe Zeitgeber aus der abiotischen Umwelt synchronisiert und gesteuert. Als Ergebnis beider Einflußgrößen treten verschiedene Rhythmen auf, z.B. circadiane Rhythmen, die 24 Stunden also einen Tag oder circaannuale (= diurnale) Rhythmen, die ein Kalenderjahr umfassen.

Für anadrome und katadrome Wanderfische ist die Koordination ihrer Laichwanderung von großer Bedeutung, damit genug Individuen beiderlei Geschlechts eine erfolgreiche Reproduktion gewährleisten können. Ebenso müssen die Juvenilen in der Lage sein, z.B. die Gezeiten auszunutzen, um ihre möglichst optimale Verbreitung zu erreichen und den Raubdruck während der Wanderung zu minimieren (LEATHERLAND et al. 1992).

### 6.1 Diurnale Rhythmik

#### 6.1.1 Wandersalmoniden-Smolts

Die Abwanderung der Smolts ist in der Regel sehr exakt terminiert und synchronisiert, so daß die Mehrzahl der Individuen innerhalb eines kurzen Zeitraumes abwandern und deutliche Abwanderungsmaxima feststellbar sind:

- Aus dem Gave d'Aspe (Südwestfrankreich) wanderten im Jahr 1992 77 % der Lachs-Smolts *(Salmo salar)* innerhalb von 14 Tagen ab (INGENDAHL 1993).
- Die Abwanderung von Lachs-Smolts *(Salmo salar)* aus der Lahn beschränkte sich 1996 auf 32 Tage, die meisten Smolts wurden innerhalb einer Woche registriert. Die Meerforellen-Abwanderung *(Salmo trutta f.trutta)* beschränkte sich auf einen Zeitraum von 28 Tagen (SCHWEVERS & ADAM 1997a).
- Im Fluß Imsa (Südwestnorwegen) werden zwar einzelne Lachs-Smolts *(Salmo salar)* das ganze Jahr über gefangen, mehr als 90 % der Jungfische wandern jedoch innerhalb des Monats Mai ab (JONSSON & RUUD-HANSEN 1985).

Unabhängig vom Gewässer fällt die Abwanderung von Salmonidensmolts grundsätzlich in das Frühjahr. Die Abwanderung setzt meist Ende März ein, erreicht im April einen Höhepunkt und ist Anfang bis Mitte Mai beendet. Diesen zeitlichen Ablauf bestätigen u.a. BAGLINIÈRE (1976) für den Fluß Ellé (Normandie, Frankreich), DUMAS & MARTY (1987) für das Adour-Nive-System (Südwestfrankreich), SALESSE et al. (1995) für den Entwässerungskanal des Rheins südlich des Straßburger Hafens und BOHLIN et al. (1993) für einen kleinen Fluß in Südwestschweden. Im Rahmen der Wandersalmonidenansiedlung im Lahnsystem (SCHWEVERS & ADAM 1997a) wurde festgestellt, daß Lachse *(Salmo salar)* der unterschiedlichen Jahrgänge und Meerforellen *(Salmo trutta f. trutta)* den Mühlbach, das Besatz- und potentielle Laichgewässer, zu unterschiedlichen Terminen verlassen:

- Zweisömmrige Lachs-Smolts verlassen den Mühlbach in der Regel bereits Anfang bis Mitte April.
- Die einsömmrigen Meerforellen-Smolts folgen ihnen bis spätestens Ende April.
- Einsömmrige Lachs-Smolts verlassen den Mühlbach erst Ende April bis Anfang Mai.

Nach HOEK (1901) erreichten die aus deutschen Lachsflüssen abwandernden Smolts *(Salmo salar)* etwa um die zweite Maiwoche die Flußmündungen. Diese Angabe wird von SCHEURING (1929) für den Rhein präzisiert: *„Im Mündungsgebiet des Rheins erscheinen die ersten Wanderer mit der sich verlaufenden Frühjahrshochwasserwelle Anfang Mai und der Hauptzug trifft dort gewöhnlich vom 4. bis 18. Mai ein. Er besteht aus der Gruppe der einsömmrigen Sälmlinge von 11 bis 17,4 cm Länge. Die letzten Nachzügler, Fische der Jahrgangsgruppe $2^+$ (20 bis 23,5 cm lang) werden noch Ende Juli und Anfang August angetroffen“.* In nördlichen Breiten verzögert sich die Abwanderung der Smolts in Abhängigkeit von der geringeren Wassertemperatur:

- Aus dem North Esk River (Schottland) emigrieren die Lachs-Smolts jeweils zwischen Anfang April und Mitte Juli (DUNKLEY 1985).
- Im Fluß Orkla (Norwegen) beginnt die Abwanderung von Lachs-Smolts Anfang Mai und ist Anfang Juni weitgehend abgeschlossen (HESTHAGEN & GARNAS 1986).
- Die Emigration von Smolts des Pazifischen Lachses *(Oncorhynchus nerka)* im Stamp River auf Vancouver Island (Kanada) beginnt im April, erreicht Anfang Mai ein Maximum und endet im Juni (WOOD et al. 1993).

### 6.1.2 Abgelaichte Wandersalmoniden

Der Zeitpunkt der Abwanderung der Kelts ist zum Teil sehr unterschiedlich. Nach LEONHARDT (1905) kam beim Rheinlachs *(Salmo salar)* der Witterung eine maßgebliche Rolle zu: *„Ist nach dem Ablaichen das Wasser noch nicht zugefroren, so wird der abgelaichte Lachs trotz seiner großen Schwäche das Meer zu gewinnen versuchen, was auch bei der Leichtigkeit des Weges - die Wellen tragen ihn fort - nicht allzu anstrengend ist. Tritt jedoch strenger Frost ein, so überwintert der Lachs im Süßwasser, und zwar sucht er hierzu tiefe Stellen auf."*

In anderen Gewässern werden folgende Zeiträume für die Abwanderung der Lachs-Kelts *(Salmo salar)* genannt:

- In Nordwestfrankreich bleiben die Kelts nach dem Ablaichen mindestens bis zum März im Süßwasser und wandern vor allem im April, in seltenen Ausnahmen erst im Mai zurück ins Meer (BAGLINIÈRE & FONTENELLE 1980).
- Im Tweed (England) erfolgt die Abwanderung zwischen Januar bis Mai, im Burrishoole (Irland) von Ende November bis Anfang Juni (FONTENELLE et al. 1980).
- Im Fluß Imsa (Südwestnorwegen) wandern die meisten Kelts nach dem Laichen von Dezember bis Januar oder von März bis Mai in Richtung Meer. Die Männchen steigen im Durchschnitt etwas früher ab als die Weibchen. (JONSSON et al. 1990).

### 6.1.3 Andere anadrome Arten

Über die Abwanderung der Jugendstadien anderer Arten liegen nur sehr fragmentarische Angaben vor.

- Der Zeitpunkt der Abwanderung der juvenilen Maifische (Alosa alosa) ins Meer ist nach SCHEURING (1929) in den verschiedenen Flüssen unterschiedlich: *„In der Seine soll das Abwandern im September und Oktober bei einer Länge von 8 bis 11 cm erfolgen. Im Rhein und in der Elbe bleibt sicherlich ein Großteil der Larven den Winter über und zieht erst im nächsten Frühjahr, Sommer oder gar im Herbst zum Meer".*
- Die Abwanderung der Jungfische von Nordsee- und Ostseeschnäpel *(Coregonus oxyrhynchus)* erfolgt nach SCHEURING (1929) einsömmrig im Frühjahr und Sommer.
- Die Stromabwärtswanderung der Meerneunaugen beginnt im Ocqueoc River (Michigan, Vereinigte Staaten) im Oktober und erreicht einen ersten Höhepunkt im November und Dezember. Von Januar bis März wandern nur noch wenige Exemplare. Ein zweites Maximum liegt im April (HANSON & SWINK 1989).

### 6.1.4 Aal

Die Abwanderung der Blankaale *(Anguilla anguilla)* erfolgt im Zeitraum von August bis Dezember (SCHIEMENZ 1960, VOLLESTAD et al. 1986, BERG 1987 u.a.). Innerhalb dieses Zeitraumes lassen sich jedoch keine Hauptwanderzeiten eingrenzen. Ähnlich wie bei den Lachs-Smolts ist die Synchronisation über Zeitgeber so exakt, daß die Abwanderungsmaxima jeweils nur wenige Tage bzw. Nächte andauern. Blankaale können durchaus längere Zeit im Süßwasser verharren, so daß die Abwanderung in Jahren ohne günstige Zeitgeberkonstellation mengenmäßig stark reduziert ist oder sogar vollständig ausfallen kann.

Durch Vergleich der Aalfänge im Bodensee und im Mittelrhein sowie im Mittel- und Unterlauf der Oder konnte TESCH (1983) belegen, daß die Abwanderung der Blankaale in den Flußoberläufen früher einsetzt als in weiter seewärts gelegenen Gewässern. Dies wird u.a. durch LOWE (1952) für englische Gewässer bestätigt. Auch geschlechtsspezifische Unterschiede scheinen zu existieren. So dominieren im Küstengebiet zu Beginn der Wanderzeit die kleineren Männchen, während es sich gegen Ende der Wanderzeit bei bis zu 90 % der Blankaale um weibliche Tiere handelt (DEELDER 1984, TESCH 1983). Dies könnte damit zusammenhängen, daß die weiblichen Tiere, die wesentlich weiter ins Binnenland aufsteigen als die männlichen Artgenossen, bei der Abwanderung größere Distanzen zurücklegen müssen. Gelegentliche Fänge kapitaler Blankaale im Frühjahr könnten nach TESCH (1983) auf Exemplare zurückzuführen sein, die sich bei der Abwanderung aus dem Binnenland „verspätetet“ haben, im Fluß überwinterten und im Frühjahr ihre Abwanderung fortsetzten.

Schließlich stellte DEELDER (1984) fest, daß auch die Wassertiefe einen Einfluß auf den Abwanderungszeitpunkt hat: In flachen Gewässern erfolgt die Abwanderung demnach zu Beginn der Wandersaison, verzögert sich jedoch um ein bis zwei Monate, wenn die Aale in tiefe Gewässer gelangen.

### 6.1.5 Potamodrome Arten

Die flußabwärts gerichteten Wanderungen potamodromer Arten lassen sich zeitlich kaum abgrenzen und dürften artspezifisch sehr unterschiedlich sein.

- Die Hauptaktivität von Bachforellen *(Salmo trutta f. fario)* und Äschen *(Thymallus thymallus)* fällt im norwegischen Fluß Glomma beispielsweise in die Sommermonate (LINLÖKKEN 1993).
- Die Abwanderung juveniler Seeforellen *(Salmo trutta f. lacustris)* vom Fluß in den See erfolgt nach SCHEURING (1929) im Herbst oder im Winter.
- Die Rückwanderung von Cypriniden, die im Frühjahr zum Ablaichen aus der Lahn in die Wieseck aufgewandert waren, erfolgt im Laufe des Sommers (SCHWEVERS 1988).
- KOCH (1932) stellte bei Cypriniden eine allgemeine Abwärtstendenz im Winter fest.

Die erste Abwanderung von Fischbrut erfolgt in der frühen Juvenilphase, in der Regel gegen Ende des Dottersackstadiums. Ihr Zeitpunkt ist entsprechend von der Laichzeit und der Entwicklungsdauer der jeweiligen Arten abhängig. Bei Lachsen *(Salmo salar)* z.B. ist das Maximum der Larvendrift 9 bis 10 Wochen nach dem Schlupf zu erwarten (BEALL & MARTY 1983).

## 6.2 Circadiane Rhythmik

Die Abwanderung von Fischen erfolgt generell nachts, wobei es in sehr trüben Gewässern auch während des Tages dazu kommen kann (NORTHCOTE 1984, JONSSON 1991):

Die nächtliche Abwanderung von Salmoniden-Smolts *(Salmo salar)* wurde vielfach nachgewiesen, z.B. von ALLEN (1944) für den Thurso (Schottland), von MOORE et al. (1995) für den Conwy River (Nordwales), von HANSEN & JONSSON (1985) für den Fluß Imsa (Südwestnorwegen) und von LARINIER et al. (1993) für den Gave d'Aspe (Südwestfrankreich). Bei Reusenkontrollen abwandernder Lachs-Smolts wurden im Fluß Orkla (Norwegen) 87 % der Smolts zwischen 22.00 Uhr und 2.00 Uhr gefangen (HESTHAGEN & GARNAS 1986). In Flüssen auf Vancouver Island (Kanada) wandern auch die Smolts des Pazifischen Lachses *(Oncorhynchus nerka)* immer bei Dunkelheit bzw. Dämmerung, während sie sich am Tage in tiefen Kolken aufhalten (WOOD et al. 1993).

Im Verlauf der Frühjahrswanderung dehnen Lachs-Smolts ihre Aktivitätsphase jedoch zunehmend auch auf den Tag aus. Für diesen Verhaltenswechsel werden verschiedene Ursachen vermutet:

- Die ansteigende Wassertemperatur im Verlauf des Frühjahrs nennen z.B. THORPE & MORGAN 1978) als Ursache. Kaum zu trennen ist dieser Parameter von der zunehmenden Länge der Photoperiode.

- INGENDAHL (1983) führt am Gave d'Aspe (Südwestfrankreich) Abwanderungsmaxima am Tage auf Hochwässer mit starker Wassertrübung zurück.
- Eine Anpassung an das Aktivitätsmuster von Raubfischen, insbesondere dem des Hechtes *(Esox lucius)*, vermuten THORPE & MORGAN (1978).

MOORE et al. (1995) stellen Unterschiede zwischen früh migrierenden und spät migrierenden Smolts *(Salmo salar)* fest. Die zuerst migrierenden Smolts wanderten überwiegend in der Nacht, die später migrierenden sowohl tags als auch nachts. Im Laborexperiment wechselten Smolts Anfang Juni von Nacht- zu Tagaktivität und waren schließlich sowohl tags als auch nachts aktiv. Dies deutet darauf hin, daß die Lachse, solange sie einzeln abwandern, während der Nachtstunden und der Dämmerung Schutz vor optisch orientierten Freßfeinden suchen, in der Hauptabwanderungsperiode aber im Schwarmverband auch bei Tage ausreichenden Schutz genießen (FÄNGSTAM et al. 1993). Im Fluß Ellé (Normandie, Frankreich) zeigt der Tagesrhythmus der Abwanderung gegen Ende der Wanderperiode zwei Maxima: Das erste am Morgen zwischen 8 Uhr und 9 Uhr und das zweite am Abend zwischen 18 Uhr und 19 Uhr (BAGLINIÈRE 1976). Die Abwanderung der Lachs-Kelts findet in Nordwestfrankreich fast ausschließlich am Tage statt BAGLINIÈRE & FONTENELLE (1980).
Flußneunaugen *(Lampetra fluviatilis)* wandern überwiegend nachts ab, mit einem Aktivitätsmaximum bei Einsetzen der Dunkelheit und einem weiteren, schwächeren Aktivitätsmaximum in der Morgendämmerung. Tagsüber graben sich die abwandernden Flußneunaugen im Sediment ein oder ruhen auf Kiesbänken. (JONSSON 1991).

Die Abwanderung von Blankaalen *(Anguilla anguilla)* ist nach übereinstimmenden Angaben verschiedener Autoren streng an die Dunkelheit gebunden und deshalb auf die Nachtstunden beschränkt:

- Nach SCHEURING (1930) setzt die Abwanderung eine Stunde nach Sonnenuntergang ein und hört 1 bis 1 ½ Stunden vor Sonnenaufgang wieder auf.
- Mit 80 % wandert die große Mehrzahl der Aale nach BERG (1987) nach 20.00 Uhr ab.
- Die Aktivität abwandernder Aale ist von der Lichtintensität abhängig. Deshalb wird die Wanderung durch künstliches Licht und bei Mondaufgang erheblich negativ beeinflußt. Die Abhängigkeit von der Lichtintensität bzw. der Mondphase ist aber nur dann voll ausgeprägt, wenn andere Zeitgeber nicht zur Verfügung stehen (JONSSON 1991).

Auch im Fluß Imsa (Südwestnorwegen) wandern Blankaale ausschließlich nachts. Fehlende Nachweise abwandernder Exemplare bei Tage sind wahrscheinlich auf eine Lichtvermeidungsreaktion zurückzuführen. Bei höherer Lichtintensität ziehen sie sich unter Steinen am Gewässerboden zurück oder vergraben sich im Bodenschlamm. Bereits bei einer künstlich erzeugten nächtlichen Lichtintensität von nur 20 lux über dem untersuchten Flußabschnitt reduzierte sich die Abwanderungsaktivität der Aale gegenüber den Bedingungen unter natürlichem Restlicht zwischen 0,15 und 0,007 lux. Die meisten Blankaale wandern während der ersten Dunkelheitsperiode nach dem Sonnenuntergang ab, wenn die Lichtintensität unter 0,06 lux abgefallen ist. Es kommt jedoch sofort zu einer Verminderung der Wanderaktivität, wenn der Mond über den Horizont steigt und das Gewässer bescheint. Hier scheint eine Schwellenlichtintensität um 0,06 lux zu existieren, oberhalb derer die Wanderaktivität der Blankaale gehemmt wird (VOLLESTAD et al. 1986). Bei Freilandexperimenten in England konnte nachgewiesen werden, daß eine Lichterkette am Auslauf eines Sees die Blankaal-Abwanderung um bis zu 90 % hemmt (LOWE 1952).
Dem widersprechen die Ergebnisse telemetrischer Untersuchungen in der Weser, bei denen festgestellt wurde, daß Blankaale Tag und Nacht wandern (TESCH 1994). Möglicherweise ist dies auf die starke Trübung der Weser zurückzuführen.

Daß die Drift von Fischlarven überwiegend nachts stattfindet, stellen übereinstimmend u.a. ELLIOTT (1966), GALE & MOHR (1978) und JONSSON (1991) fest. Nach BLESS (1990) erfolgen 82 % der Abdrift von Groppen-Larven *(Cottus gobio)* zwischen Abend- und Morgendämmerung, die Drift von Fischlarven aus zwei Stauseen in Mähren erreicht ihre Spitzenwerte zwischen 23.00 und 01.00 Uhr nachts (BARUS et al. 1984).
Allerdings kann die Drift von Fischlarven in trüben Gewässern auch tagsüber erfolgen (JONSSON 1991). Dies bestätigten z.B. NEZDOLIY (1984) für den Ili in Kasachstan oder PENAZ et al. (1992) für den Oberlauf der Rhône.

# 7 Verhalten bei der Abwanderung

## 7.1 Wanderkorridore

Abwandernde Fische orientieren sich negativ rheotaktisch primär an der Hauptströmung des Gewässers (HESTHAGEN & GARNAS 1986). Der bevorzugte Wanderkorridor ist somit der Bereich der höchsten Strömungsgeschwindigkeit in der Mitte des Flusses bzw. am Prallhang. Dies konnte z.B. TESCH (1994) durch telemetrische Untersuchungen in Weser und Elbe für Blankaale *(Anguilla anguilla)* bestätigen. Entsprechend diesem Verhalten konzentrieren sich abwandernde Fische bei Staustufen mit Wasserkraftnutzung insbesondere dann im Einlaufbereich des Kraftwerkes, wenn der gesamte Abfluß durch das Kraftwerk genutzt und das Wehr nicht überströmt wird.

Die vertikale Ausrichtung abwandernder Fische ist offensichtlich artspezifisch, wird darüber hinaus aber auch von Umweltparametern beeinflußt. Lachse *(Salmo salar)* wandern bevorzugt oberflächennah ab. Bypässe an Wasserkraftwerken, die im Bereich der Wasseroberfläche Abwanderungsmöglichkeiten bieten, haben sich deshalb speziell für Lachs-Smolts bewährt. Nach MONAN et al. (1969) unterliegt die Wandertiefe pazifischer Lachse *(Oncorhynchus nerka)* im Snake River einer tagesperiodischen Rhythmik: Während abwandernde Smolts tagsüber vor allem nahe der Oberfläche registriert wurden, schwammen sie nachts in größeren Tiefen.

Aale *(Anguilla anguilla)* wandern nach JENS (1992) je nach Wassertemperatur in unterschiedlichen Tiefen:

- Herbstlicher aktiver Aalzug: Bei Temperaturen über 6 °C schwimmt der Aal aktiv in der Nähe der Wasseroberfläche flußabwärts.
- Winterliches Aaltreiben: Bei Temperaturen unter 6 °C ist der Aal passiv, er läßt sich in der Nähe des Gewässergrundes abdriften.

Telemetrische Untersuchungen in Weser und Elbe ergaben, daß sich Blankaale auch bei Wassertemperaturen von 9 °C bis 18 °C und aktiver Abwanderung meist in der Wasserschicht zwischen Gewässersohle und 1 m über Grund lokalisieren lassen (TESCH 1994). In kleineren englischen Gewässern wurde festgestellt, daß Aale bei ca. 90 cm Wassertiefe überwiegend in der unteren Hälfte des Gewässerquerschnittes abwandern. In der Ostsee hingegen schwammen mit druckempfindlichen Telemetriesendern ausgestattete Blankaale bevorzugt oberhalb der Sprungschicht in 7 m bis 11 m Tiefe; wobei sie sich tagsüber 4 m tiefer als nachts aufhielten. Nur kurzfristig tauchten sie um einige wenige Meter bis maximal 50 m tief ab (TESCH et al. 1990).

## 7.2 Schwimmverhalten

Während gegen die Strömung gerichtete Wanderbewegungen zwangsläufig aktiv erfolgen müssen, lassen sich bei der Abwanderung von Fischen aktive und passive Komponenten unterscheiden (JONSSON 1991), wobei die passive Komponente in der Ausnutzung der Strömung als verdriftendem Vektor besteht. PAVLOV (1994) unterscheidet grundsätzlich drei verschiedene Mechanismen, die eine stromabwärts gerichtete Bewegung verursachen:

- Mechanismen erster Ordnung: aktive Elemente.

  Zunächst muß der Fisch sich entscheiden, die positive rheotaktische Ausrichtung, die normalerweise sein Verhalten bestimmt, aufzugeben und sich der Strömung zu überlassen. Coregonidenlarven z.B. verlassen in dem Moment das Substrat und lassen sich mit der Strömung abtreiben, wenn sie zur aktiven Nahrungsaufnahme übergehen. Bei Lachs-Smolts *(Salmo salar)*, die überwiegend nachts abwandern, muß es sowohl Tageszeiten geben, in denen sie am Gewässergrund stehen und aktiv der Wasserströmung widerstehen, als auch Zeiten, in denen sie sich mit der Strömung abtreiben lassen.

  Bei den Wanderstadien diadromer Arten ist eine aktives Abwanderungsverhalten weit verbreitet. FÄNGSTAM (1993) wies z.B. in Laborexperimenten nach, daß Lachs-Smolts *(Salmo salar)* zeitweise aktiv stromabwärts schwimmen. Hierbei ist der Körper mit dem Kopf stromabwärts ausgerichtet, die absolute Geschwindigkeit des Fisches ist schneller als die Fließgeschwindigkeit im Gewässer. Bei Verhaltensbeobachtungen in einem Fließkanal konnte bei Fließgeschwindigkeiten unter 0,5 m/s auch bei Aalen *(Anguilla anguilla)* ein aktives Abwanderungsverhalten festgestellt werden (ADAM et al. 1997, ADAM & SCHWEVERS 1997, Abb. 6). Durch telemetrische Untersuchungen wies TESCH (1994) eine entsprechendes Verhalten auch im Freiland nach: In Stauhaltungen der Weser übertraf die Abwanderungsgeschwindigkeit von Blankaalen die Fließgeschwindigkeit des Flusses deutlich, so daß auch in diesem Falle eine aktive Abwanderung erfolgt sein muß.

- Mechanismen zweiter Ordnung: aktiv-passive Abwanderung.

  In der Regel setzt sich die stromabwärts gerichtete Wanderung von Fischen aus einer Kombination aktiver und passiver Elemente zusammen. Zwar resultiert die Abwärtsbewegung primär aus der Verdriftung des Fisches, doch erfolgt die Drift kontrolliert. In der Regel ist der Fisch mit dem Kopf gegen die Strömung ausgerichtet, orientiert sich also weiterhin positiv rheotaktisch, doch ist seine Schwimmgeschwindigkeit geringer als die Fließgeschwindigkeit des Gewässers, so daß hieraus dennoch eine stromabwärts gerichtete Bewegung resultiert. Ein derartiges Verhalten beschrieb bereits SCHEURING (1929) für juvenile Seeforellen *(Salmo trutta f. lacustris)*, die aus den Brutbiotopen abwandern und sich in den See verdriften lassen. TESCH (1994) stellte fest, daß sich Blankaale *(Anguilla anguilla)* in Fließstrecken der Weser langsamer flußabwärts bewegen, als es der Fließgeschwindigkeit des Flusses entspricht; auch dies ist nur durch eine Kombination passiver und aktiver Verhaltenskomponenten zu erklären. Unter Laborbedingungen wurde eine „kontrollierte Drift" von Blankaalen beschrieben, bei der sich die Driftgeschwindigkeit des Fisches nur unwesentlich von der Fließgeschwindigkeit des Wassers unterscheidet. Hierbei kontrolliert der Aal permanent Körperlage, Schwimmhöhe und -geschwindigkeit (ADAM et al. 1997, ADAM & SCHWEVERS 1997, Abb. 6). Eine weitere aktive Komponente der Abwanderung ist das Vermeiden von Hindernissen.

- Mechanismen dritter Ordnung: rein passive Elemente.

  Passive Verhaltensweisen bei der Abwanderung sind selten bzw. werden von passiv/aktiven oder aktiven Phasen unterbrochen. JENS (1992) beschreibt z.B. für Blankaale *(Anguilla anguilla)* bei Wassertemperaturen unter 6 °C ein „winterliches Aaltreiben", bei dem die Aale passiv in Bodennähe von der Strömung verdriftet werden. Auch im Laborexperiment konnten derartige Verhaltensweisen an Blankaalen beobachtet werden (ADAM et al. 1997, ADAM & SCHWEVERS 1997, Abb. 6).

Die Abwanderung von Fischen ist keine einförmige Bewegung mit konstanter Geschwindigkeit und einheitlichem Verhalten. Nach ALLEN (1944) bewegen sich z.B. bei Lachs-Smolts *(Salmo salar)* Phasen aktiver Migration wellenartig langsam flußab. Vereinzelt wurden auch Aufwärtswanderungen von Smolts festgestellt. Bei Untersuchungen im Labor wurde festgestellt, daß sich bei der Abwanderung von Lachs-Smolts Phasen abwechseln, in denen die Fische aktiv abwärts schwimmen, sich passiv verdriften lassen sowie sich in strömungsberuhigten Bereichen erholen (FÄNGSTAM 1993). Diese Beobachtung konnte bei telemetrischen Untersuchungen an Lachs-Smolts im Bereich des Wadhams Dam im Boquet River (State New York, Vereinigte Staaten) bestätigt werden (NETTLES & GLOSS 1987). Hier beschrieben die Autoren drei verschiedene Verhaltensweisen:

- relativ kontinuierliche Abwärtswanderung,
- unterbrochene Abwärtswanderung sowie
- stationäre Phasen.

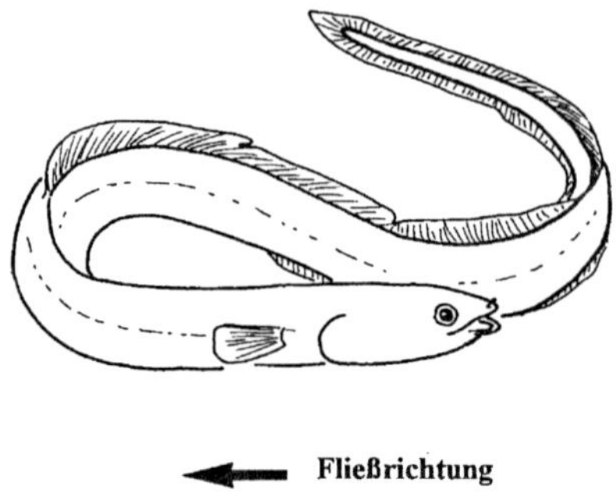


a) Drift: Seitlich von der Strömung erfaßt, läßt sich der Aal in Fließrichtung mitreißen

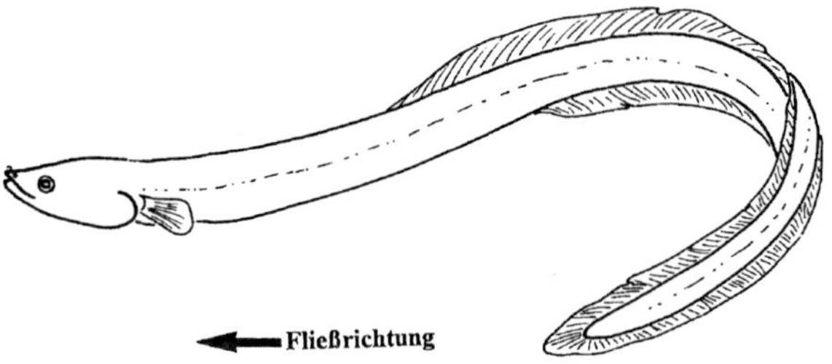


b) Kontrollierte Drift: Der abtreibende Aal führt aktiv Bewegungskorrekturen durch

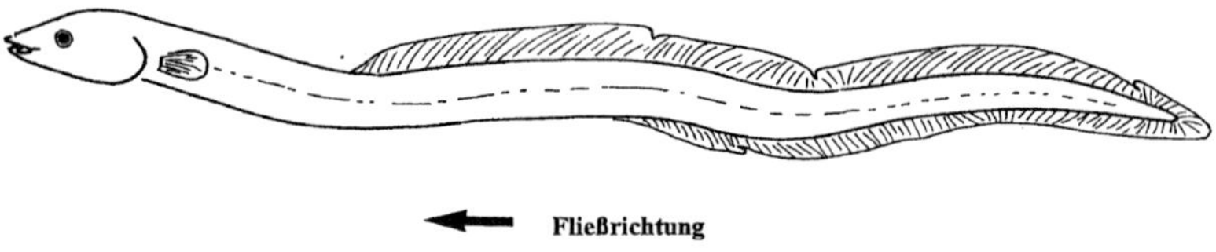


c) Abwanderung: Der Vorderkörper ist leicht aufgerichtet, der Hinterkörper erzeugt durch Schlängelbewegungen einen Vortrieb in Fließrichtung

Abb. 6: Verschiedene Formen der Abwanderung beim Aal (ADAM & SCHWEVERS 1997)

Speziell bei Lachs-Smolts *(Salmo salar)* wird das Abwanderverhalten auch durch soziale Interaktionen beeinflußt. Offenbar stimulieren sich die Schulen der wandernden Smolts gegenseitig, so daß es zu einer stromabwärts gerichteten Akkumulation kommt (HVIDSTEN et al. 1995). Die Abwanderung setzt in den Oberläufen ein und stromabwärts schließen sich die Smolts sukzessive den vorbei wandernden Artgenossen an, so daß die Abwanderung weitgehend synchronisiert wird. Im Laborexperiment wandern Lachs-Smolts in kleinen Gruppen mit wechselnder Individuenzahl und regem Austausch untereinander. Die Gruppen sind inhomogen zusammengesetzt und nicht von bestimmten Größenklassen dominiert. Lachse, die sich vom Schwarm absondern und in einem strömungsberuhigten Bereich ausruhen, schließen sich später wieder anderen abwandernden Gruppen an (FÄNGSTAM et al. 1993). Für andere Arten oder Entwicklungsstadien sind derartige soziale Interaktionen bei der Abwanderung nicht beschrieben. LEONHARDT (1905) betont ausdrücklich, daß sich Lachs-Kelts im Rheingebiet nicht zu Trupps zusammenschließen, sondern einzeln abwandern.

Bei den Massenabwanderungen der Blankaale *(Anguilla anguilla)* handelt es sich nach DEELDER (1984) ebenfalls nicht um ein Schwarmverhalten, sondern nur um eine gleichzeitige, durch den selben Zeitgeber ausgelöste Abwanderung zahlreicher Einzelexemplare, die nicht durch soziale Interaktionen koordiniert wird.

Wanderhindernisse bewirken eine Verzögerung der Abwanderung. Einerseits führt schon allein die reduzierte Fließgeschwindigkeit im Stauraum zu einer Abbremsung der Wanderbewegung (s.u.), andererseits zögern die abwandernden Fische, bevor sie Hindernisse passieren. Bei telemetrischen Untersuchungen an Lachs-Smolts *(Salmo salar)* im Bereich des Wadhams Dam im Boquet River (State New York, Vereinigte Staaten) unterbrachen fast alle Smolts ihre Abwanderung bei Erreichen der Stauhaltung für mindestens 24 Stunden. Etliche Exemplare kehrten sogar ihre Wanderrichtung zunächst um und schwammen bis zu 3,8 km flußaufwärts (NETTLES & GLOSS 1987).

Am Rechen des Wasserkraftwerks Soeix am Gave d'Aspe (Frankreich) wurde beobachtet, daß Lachs-Smolts *(Salmo salar)* zögern den Rechen zu passieren, selbst wenn die lichte Weite der Rechenstäbe ihre Körpergröße überschreitet. Häufig schwimmen die Smolts, wenige Zentimeter vom Rechen entfernt, gegen die Strömung an, wobei sie Berührungen mit dem Rechen vermeiden. Selten wurden auch Smolts beobachtet, die nach einiger Zeit von der Strömung zwischen die Stäbe des Rechens verdriftet wurden und sogleich versuchten, durch kräftige Schwanzflossenschläge stromaufwärts zu entkommen. Möglicherweise entstehen in dieser Situation die massiven Schuppenverluste, wie sie an Smolts unterhalb desselben Kraftwerkes beobachtet wurden.

Der an diesem Kraftwerk installierte Bypaß hingegen wurde von den Smolts zügig mit dem Schwanz voran passiert, nur 15 % der Lachse hielten sich länger als eine Sekunde im Einlaufbereich auf. Zum Teil nahmen Smolts den Bypaß erst nach mehreren „Erkundungen" an, während 10 % der

Smolts die Abwanderhilfe nicht akzeptierten und stromaufwärts davon schwammen. (LARINIER et al. 1993).

Im Rahmen der Wiederansiedlung des Lachses *(Salmo salar)* im Lahnsystem (SCHWEVERS & ADAM 1997a) wurde festgestellt, daß 1996 zweisömmrige Lachs-Smolts mehrere Wochen vor den einsömmrigen Exemplaren die Besatzorte in den Zuflüssen der Lahn verließen, beide Jahrgänge jedoch gleichzeitig die Lahnmündung erreichten. Dies ist darin begründet, daß für die Abwanderung an mindestens 3 der 6 Staustufen bis zur Mündung in den Rhein lediglich die Passage der Wasserkraftwerke offenstand. Offensichtlich zögerten die Smolts längere Zeit, um sich erst bei steigenden Wasserständen durch die Rechen und die Turbinen abdriften zu lassen. Entsprechend wurden Smolts im Unterwasser des untersten Kraftwerks in Lahnstein fast ausschließlich an Tagen mit steigenden Abflüssen registriert.

## 7.3 Wandergeschwindigkeit

Je nach Autor werden für die verschiedenen Fischarten zum Teil sehr unterschiedliche Wandergeschwindigkeiten und Wanderdistanzen angegeben:

- Die maximale Tagesleistung von Lachs-Smolts *(Salmo salar)* beträgt im Fluß Thurso (Schottland) nach ALLEN (1944) etwa 8 km. Im Labortest legten Lachs-Smolts in 24 Stunden im Durchschnitt 13,5 km zurück, ein passiver Driftkörper in der selben Zeit 17,3 km (FÄNGSTAM 1993).
- Die Abwanderung einjähriger Smolts aus dem Mühlbach, einem Besatzgewässer des rheinland-pfälzischen Lachs-Wiederansiedlungsprogrammes, bis zur Lahnmündung vollzog sich 1996 im wesentlichen innerhalb von weniger als 5 Tagen. Hierbei überbrückten die Smolts 20 Gewässerkilometer und 6 Stauanlagen, von denen sie mindestens 3 durch die Turbinen der Wasserkraftwerke passieren mußten (SCHWEVERS & ADAM 1997a).
- Die Wandergeschwindigkeiten pazifischer Wandersalmoniden ist offensichtlich höher. In Flüssen auf Vancouver Island (Kanada) wandern die Smolts des Pazifischen Lachses *(Oncorhynchus nerka)* mit einer durchschnittlichen Geschwindigkeit von 2,5 km/h ab (WOOD et al. 1993). In freien Fließstrecken des Snake River (Nordamerika) erreichen abwandernde Smolts eine maximale tägliche Wanderdistanz von 24 km bis 54 km (RAYMOND 1979).
- Auch abwandernde Aale *(Anguilla anguilla)* zeigen beträchtliche Wanderleistungen. So legen Aale der Elbe bei Geschwindigkeiten zwischen 3,0 km/h und 3,7 km/h Tageswanderstrecken von 36 km bis 72 km zurück (TESCH 1994). Im Fluß Imsa (Südwestnorwegen) hingegen benötigten

markierte Blankaale zwischen 4 Stunden und einem Monat Zeit, um sich einen Kilometer flußabwärts zu bewegen (VOLLESTAD et al. 1986). Diese Werte repräsentieren jedoch offensichtlich nicht die realen Geschwindigkeiten, die bei der Abwanderung erreicht werden, sondern errechnen sich aus der Zeitdauer zwischen Markierung und Wiederfang außerhalb der Migrationsphase. In der Ostsee per Telemetrie verfolgte Aale erreichten eine durchschnittliche Geschwindigkeit von knapp 2 km/h (TESCH et al. 1990).

- Potamodrome Arten erreichen im Rheinsystem durchschnittliche Tagesleistungen von etwa 5 km bis 8 km (STEINMANN 1937).

Bei Aalen *(Anguilla anguilla)* besteht nach JONSSON (1991) eine direkte Abhängigkeit der Abwandergeschwindigkeit vom Abfluß und auch die Geschwindigkeit abwandernder Lachs-Smolts ist eng mit der Fließgeschwindigkeit des Gewässers korreliert RAYMOND (1979). Dieser Zusammenhang wurde auch von anderen Autoren wiederholt beschrieben und anhand zahlreicher Beispiele belegt:

- Im Fluß Thurso (Schottland) wurde während der Passage von Lachs-Smolts *(Salmo salar)* durch den Loch More eine Verlangsamung der Migration beschrieben (ALLEN 1944). Der Autor spekulierte seinerzeit noch, ob dies auf die Wahl einer indirekten Route entlang des Seeufers, oder auf eine Abnahme der Wandergeschwindigkeit zurückzuführen sei.
- In den Stauhaltungen des Snake River reduziert sich die Geschwindigkeit abwandernder Smolts pazifischer Wandersalmoniden auf etwa ein Drittel der Geschwindigkeit in natürlichen Fließstrecken (RAYMOND 1979). Allerdings steigt die Wandergeschwindigkeit der Smolts mit zunehmender Abflußmenge bzw. Strömungsgeschwindigkeit. Hierdurch kann der verzögernde Einfluß des Aufstaus z.T. kompensiert werden (BERGGREN & FILARDO 1993).
- Insbesondere in mehrfach stauregulierten Gewässern kann die verzögerte Abwanderungsgeschwindigkeit zu beträchtlichen „Verspätungen" führen. Für den Columbia River errechnete RAYMOND (1979) auf einer Distanz von 636 km einen Zeitverlust für die Smolts von 39 Tagen. Diese Verspätung bewirkt eine erhöhte Mortalität, da die Tiere z.B. länger der Gasübersättigung und dem Raubfischdruck im Unterwasser der Stauanlagen ausgesetzt sind.
- Darüber hinaus unterliegt die Abwanderungsgeschwindigkeit offensichtlich auch endogenen Einflüssen. Es gibt z.B. Hinweise darauf, daß die Geschwindigkeit von Lachs-Smolts *(Salmo salar)* im Laufe der Saison, also mit dem Fortschreiten der Smoltifikation, zunimmt (INGENDAHL 1993). Die Abwanderungsgeschwindigkeit von Meerforellen *(Salmo trutta f. trutta)* ist nach BOHLIN et al. (1996) positiv mit der Körpergröße der Smolts korreliert.

- Ferner stellen mehrere Autoren übereinstimmend fest, daß sich Fische in rascher Strömung langsamer flußabwärts bewegen, als der sie umgebende Wasserkörper. Diese Verhalten folgt somit nach (PAVLOV 1994) dem passiv-aktiven Mechanismus II. Ordnung. Bei verminderter Strömung entspricht hingegen die Wandergeschwindigkeit der Fische der Fließgeschwindigkeit des Flusses; die Tiere lassen sich also weitgehend passiv verdriften.
- Reduziert sich die Strömungsgeschwindigkeit im Unterlauf, in durchflossenen Seen oder Stauhaltungen noch weiter, gehen die Fische zunehmend zur aktiven Abwanderung über. Die Wandergeschwindigkeit ist deshalb unter diesen Strömungsbedingungen deutlich höher, als die Fließgeschwindigkeit des umgebenden Wasserkörpers. Nach PAVLOV (1994) handelt es sich somit um einen Mechanismus I. Ordnung.

Hinweise auf eine derartige Differenzierung des Wanderverhaltens wurden u.a. für folgende Gewässer und Arten beschrieben:

- In rasch fließenden norwegischen Gewässern ist die Wandergeschwindigkeit von Lachs-Smolts *(Salmo salar)* geringer als die Fließgeschwindigkeit des Flusses (HANSEN 1986).
- Im Mittellauf des Conwy River (Nordwales) bewegen sich die Lachs-Smolts mit der Geschwindigkeit des sie umgebenden Wasserkörpers, werden also passiv transportiert. Im Unterlauf schwimmen sie schneller als die Strömungsgeschwindigkeit, wandern demnach aktiv in Richtung Meer (MOORE et al. 1995).
- Telemetrische Untersuchungen in Weser und Elbe ergaben, daß Blankaale *(Anguilla anguilla)* in Fließstrecken langsamer als die Oberflächenströmung wandern; im Staubereich von Wehren hingegen schneller als die hier durch den Aufstau verlangsamte Oberflächenströmung (TESCH 1994).

Der Übergang vom Fluß ins Meer erfordert eine physiologische Anpassung des Fischkörpers an die veränderten osmotischen Verhältnisse. Bereits LEONHARDT (1905) stellte fest, daß Lachs-Smolts innerhalb kurzer Zeit sterben, wenn sie unmittelbar von Süß- in Meerwasser überführt werden. Entsprechend verlangsamen abwandernde Smolts ihre Wandergeschwindigkeit mit Erreichen des Ästuars und passen ihr Verhalten an die Bedingungen des Tidenzyklus an. So werden Wanderbewegungen in den von der Tide beeinflußten Bereich meist bei beginnender Ebbe und damit bei abfließendem Wasser vollzogen. Damit verlassen die Smolts das Ästuar innerhalb eines Tidenzyklus. Smolts, die nicht während einer Ebbe bis ins Meer vordringen, werden in der Regel passiv wieder stromaufwärts transportiert und können die Küstengewässer erst wieder mit Beginn der nächsten Ebbe erreichen (MOORE et al. 1995).

Lachs-Smolts, die aus norwegischen Flüssen abwandern, halten sich zunächst einige Tage bis Wochen im Fjordbereich auf. Erst, wenn sie die äußeren Fjordbereiche erreicht haben, beschleunigen sie ihre Wandergeschwindigkeit und verlassen die Küste (HANSEN 1986, HVIDSTEN & HANSEN 1988).

Blankaale *(Anguilla anguilla)* vollziehen in der Unterelbe tagelang passiv mit dem Gezeitenstrom flußauf- und flußabwärts gerichtete Bewegungen, ohne große Streckengewinne in Richtung Meer aufzuweisen. Es wird angenommen, daß die Tiere erst bei höheren Salzgehalten aktiver wandern, nachdem sie passiv mit der Flußreströmung in diese Bereiche getrieben wurden (TESCH 1994).

## 7.4 Nahrungsaufnahme während der Abwanderung

Es ist allgemein bekannt, daß anadrome Arten , z.B. Lachs, Meerforelle, Fluß- und Meerneunauge bei der flußaufwärts gerichteten Laichwanderung keine Nahrung zu sich nehmen. Entsprechendes scheint auch für die Laichwanderung katadromer Arten zuzutreffen. Zwar fressen Blankaale *(Anguilla anguilla)* nach der Metamorphose zunächst noch, stellen die Nahrungsaufnahme jedoch ein, wenn sie endgültig ins Meer abwandern SCHIEMENZ (1960). Nach SCHEURING (1930) nehmen auch Flundern *(Platichthys flesus)* bei der Laichwanderung keine Nahrung mehr auf.

Die juvenilen Wanderstadien anadromer Arten hingegen stellen die Nahrungsaufnahme nicht ein. BAGLINIÈRE (1976) untersuchte den Mageninhalt von Lachs-Smolts *(Salmo salar)* im Fluß Ellé (Normandie, Frankreich) und fand in über zwei Dritteln der Mägen Nahrung, die sich vor allem aus Wirbellosen zusammensetzte. LEONHARDT (1905) betont ausdrücklich, daß auch Lachs-Kelts bei der Abwanderung Nahrung zu sich nehmen: *„Während des den Lachs furchtbar anstrengenden Laichgeschäftes ist es Winter geworden, und das Tier sucht vorerst wieder zu Kräften zu kommen. Der Lachs frißt jetzt alles, was ihm vor das Maul kommt. Gegenüber den vielfachen Behauptungen, daß der Lachs im Süßwasser nur während seiner Jugend fresse, sei festgestellt, daß gar nicht daran zu zweifeln ist, daß auch der abgelaichte Lachs im Süßwasser frißt."*

Nach BEAMISH & POTTER (1975) gehen präadulte Meerneunaugen *(Petromyzon marinus)* bereits lange vor Erreichen des Meeres zur parasitischen Lebensweise über.

## 8 Mortalität während der Abwanderung

Abwandernde Fische unterliegen einer beträchtlichen natürlichen Mortalität. Dies betrifft insbesondere abgelaichte Exemplare anadromer Arten, die stark geschwächt und deshalb besonders anfällig sind, wie LEONHARDT (1905) anschaulich beschreibt: *„Die männlichen Lachse [haben] häufig schwere Wunden auszuheilen, die sie bei den Laichkämpfen erhielten. Es ist daher kein Wunder, daß man hier und da solche Tiere verendet findet, da sich in den Wunden die Saprolegniaceen ansiedeln und dem Leben des Betroffenen ein schnelles Ende bereiten"*. Nach der Laichperiode ist aufgrund eines geschwächten Immunsystems die Empfindlichkeit gegenüber Krankheiten und Parasiten und damit die Mortalität durch ungünstige Umweltbedingungen erhöht, wie sie z.B. in eutrophierten Flußstauen auftreten können (TRAVADE & LARINIER 1992).

Eine weitere natürliche Mortalitätsursache ist der Fraßdruck durch Raubfische oder fischfressende Vögel, durch die vor allem abwandernde Jungfische dezimiert werden. Verstärkt wird dieser Effekt häufig durch die Stauregulierung der Gewässer, da sowohl in Stauhaltungen als auch im Unterwasser von Wehren und Wasserkraftwerken bevorzugt Konzentrationen von Prädatoren zu beobachten sind.

Ausschließlich anthropogen bedingte Mortalitätsursachen sind die Schädigungen von Fischen bei dem Versuch, Stauanlagen, Turbinen oder Bypässe zu überwinden. So führt RAYMOND (1979) die bei langjährigen Untersuchungen im Snake River (Nordamerika, Vereinigte Staaten) festgestellte stetige Zunahme der Mortalität abwandernder Smolts pazifischer Wandersalmoniden auf die sukzessive Steigerung der Gefahren für die Fische durch den Bau neuer Stauanlagen mit Wasserkraftnutzung zurück.

Die fischereiliche Nutzung abwandernder Fische spielt speziell beim Aal *(Anguilla anguilla)* eine gewisse Rolle. Seinerzeit war vor allem die Hamenfischerei gezielt auf den Fang abwandernder Blankaale ausgerichtet, darüber hinaus wurden an vielen Mühlen automatische Fangeinrichtungen, sogenannte Aalfänge betrieben. Die in den Nachkriegsjahren rapide zunehmende organische Belastung der Flüsse führte dann aber zu einem so starken Treiben flottierender Abwasserpilze, daß die Hamenfischerei nicht mehr betrieben werden konnte. Auch die Aalfänge an den meisten Standorten wurden stillgelegt. Infolge dessen ist die Fischerei als Mortalitätsursache für abwandernde Fische, insbesondere für Blankaale, seit den 60er Jahren nur noch von untergeordneter Bedeutung.

## 8.1 Mortalität durch Prädation

Wanderfische haben verschiedene Strategien entwickelt, um den erhöhten Prädationsdruck bei der Abwanderung zu kompensieren:

- Durch nächtliche Abwanderung wird optisch orientierten Raubfischen und Vögeln der Zugriff erschwert. Ferner erhöht auch eine geringe Dauer der Abwanderung durch hohe Wandergeschwindigkeiten die Überlebenschancen abwandernder Fische (WOOD et al. 1993).
- Das Schwarmverhalten von Lachs- und Meerforellen-Smolts *(Salmo salar* und *Salmo trutta f. trutta)* verringert das Prädationsrisiko ganz erheblich (NORTHCOTE 1967).
- Abwandernde Blankaale *(Anguilla anguilla)* bilden zwar keine Schwärme, doch ist ihre Abwanderung ebenfalls zeitlich koordiniert, so daß innerhalb weniger Tage eine große Anzahl von Aalen abwandert. Auch dies reduziert das Risiko, Opfer von Prädatoren zu werden.

Bei der Durchwanderung natürlicher Seen oder von Flußstauen mit hohem Raubfischbestand kann die prädationsbedingte Moralität abwandernder Salmoniden-Smolts beträchtlich sein, zumal sich hier die Wandergeschwindigkeit erheblich reduziert. So beträgt die Mortalität von Coho Lachs-Smolts *(Oncorhynchus kisutch)*, die den Lake Washington auf seiner gesamten Länge von 56 km durchqueren, 44 %. Bei Lachsen, die aus einem anderen Zufluß abwandern und nur 8 km im See zurücklegen müssen, reduziert sich die Mortalität auf 22 % (ALLEN 1968). In einem schottischen Stausee fallen bis zu 85 % der abwandernden Lachse *(Salmo salar)* der Prädation durch fischfressende Vögel und Fische zum Opfer (TRAVADE & LARINIER 1992).

Auch im Unterwasser von Wasserkraftwerken können die Verluste durch Prädation beträchtlich sein. Während z.B. die Mortalität juveniler Maifische *(Alosa alosa)* durch Fraß von Raubfischen am Turbinenauslauf des Hadley Falls Kraftwerkes am Connecticut River (Nordamerika) maximal 2,5 % erreicht (MATHUR et al. 1994), bezeichnen VOGEL et al. (1990) die Prädation durch piscivore Fische als primäre Mortalitätsursache für abwandernde Salmoniden-Smolts am Red Bluff Damm im Sacramento River (Kalifornien, Vereinigte Staaten). Beobachtungen zeigten, daß die Smolts bei ihrer Ankunft im Unterwasser durch die Turbinenpassage völlig desorientiert sind und infolge dessen leicht die Beute des „Sacramento Squawfish" *(Ptychocheilus grandis)* werden.
Ein beträchtlicher Fraßdruck herrscht schließlich auch im Ästuar, wo die abwandernden Fische ihre Wandergeschwindigkeit zwecks physiologischer Anpassung an das marine Milieu stark reduzieren. So stellten WOOD et al. (1993) fest, daß mehr als 50 % der jungen Pazifischen Lachse *(Oncorhynchus nerka)*, die aus Flüssen auf Vancouver Island abwandern, im Ästuar das Opfer von Prädatoren werden. Ähnliche Mortalitätsraten durch die Prädation von marinen Fischen und Vögeln

wurden im Ästuar norwegischer Flüsse ermittelt (HVIDSTEN & HANSEN 1988). Erst mit Erreichen des Meeres nimmt der Raubdruck stark ab, da die potentiellen Prädatoren hier andere Beute bevorzugen.

## 8.2 Mortalität bei der Überwindung von Stauanlagen

Die Passage abwandernder Fische über Wehre, durch Ablässe oder Überläufe kann zur direkten Mortalität durch letale Verletzungen oder zu einer indirekten Mortalität führen, indem verletzte oder desorientierte Fische leichter die Beute von Raubfischen werden. Der Umfang der Mortalität ist extrem von der jeweiligen Situation abhängig und kann zwischen 0 % bis 4 % betragen, z.B. am Bonneville und McNary-Damm im Columbia River mit jeweils 27 m Fallhöhe. Im Falle von Stauanlagen am Baker und Cleveland River mit Fallhöhen von 76 m bzw. 73 m wurden Mortalitätsraten von bis zu 64 % ermittelt (RAYMOND 1979). Die Gründe für die Mortalität sind unterschiedlich:

- Fall aus großen Höhen auf die Wasseroberfläche im Unterwasser. Während der Passage eines Wehres befindet sich der Fisch im freien Fall, somit ist seine Geschwindigkeit beim Aufprall direkt abhängig von der Fallhöhe und der Körpergröße des Fisches. Die Aufprallgeschwindigkeit beträgt bei 10 cm bis 13 cm langen Fischen bei Fallhöhen von 30 m bis 40 m ca. 12 m/s, bei 15 cm bis 18 cm langen Fischen bis zu 16 m/s und bei Exemplaren von über 60 cm Länge mehr als 58 m/s. Die kritische Geschwindigkeit, ab der Verletzungen der Kiemen, Augen und inneren Organe auftreten, beträgt etwa 16 m/s. Bei großen Exemplaren über 60 cm Körperlänge sind derartige Verletzungen dementsprechend schon bei einem Fall aus 12 m Höhe zu erwarten. Kleinere Fische von 10 cm bis 13 cm Körperlänge, die die kritische Geschwindigkeit nicht erreichen, überstehen hingegen einen Sturz aus der selben Höhe ohne Verletzung. Auch wenn ein Fisch beim Absturz vollkommen vom Wasserkörper umgeben ist, erreicht die Mortalität die gleiche Größenordnung wie bei freiem Fall auf die Wasseroberfläche. Eine abstürzende Wassermasse erreicht die kritische Geschwindigkeit ab etwa 13 m Fallhöhe. Wird diese überschritten, steigt die Mortalität der Fische dramatisch an. So nähert sie sich bei einem Höhenunterschied von 50 m bis 60 m einem Wert von 100 %. Hieraus ist zu folgern, daß es für kleine Fische vorteilhafter ist, ein Staubauwerk im freien Fall zu passieren, während es für große Fische gleichgültig ist, ob sie durch die Luft oder innerhalb des Wasserkörpers in die Tiefe stürzen (TRAVADE & LARINIER 1992).

- Mechanische Verletzungen durch Toskörper: Vielfach sind die Überläufe von Talsperren mit Toskörpern bzw. Tosbeckenendschwellen ausgestattet, um die Energie des überlaufenden Wassers abzubauen. Die Kollision eines Fisches mit derartigen festen Gegenständen im Unterwasser verläuft meist letal.
- Starke Druckschwankungen in Durchlässen: Plötzliche Änderungen der Strömungsgeschwindigkeit oder Druckunterschiede können ebenso zu letalen Verletzungen führen, wie ein Aufprall auf die Wasserfläche oder auf feste Körper. In Neuseeland wurde die Ableitung pazifischer Aale über den Grundablaß eines Dammes in einer Tiefe von 37 m getestet. Die hierbei aufgetretene hohe Mortalitätsrate macht diese Alternative jedoch unbrauchbar (KLEINSCHMIDT ASSOCIATES 1997): Ebenso wie bei überströmten Wehren werden auch in bodennahen Durchlässen bei Höhenunterschieden von mehr als 10 m kritische Geschwindigkeiten und Druckschwankungen erreicht.
- Starke Sauerstoffübersättigung: Zu Zeiten erhöhten Abflusses und Überströmung der Stauanlage kann es bei großen Fallhöhen im Unterwasser zur Übersättigung des Wassers mit atmosphärischen Gasen bis hin zur Letaldosis für Fische kommen. Dieser Effekt wurde z.B. von RAYMOND (1979) für Stauanlagen im Snake River (Nordamerika) beschrieben.

Aufgrund der meist geringen Stauhöhen mitteleuropäischer Laufwasserkraftwerke wird die Grenzgeschwindigkeit von 16 m/s nur in seltenen Ausnahmefällen erreicht. Eine Passage über den Wehrüberfall oder durch Grundablässe dürften Fische somit in aller Regel ohne Verletzungen überstehen. Eine Ausnahme bilden vor allem Talsperren mit Fallhöhen von deutlich mehr als 10 m. Hier ist sowohl bei Grundablässen als auch bei oberflächlichem Abfluß selbst dann mit einer erheblichen Mortalität zu rechnen, wenn keine Turbinen installiert sind.

## 8.3 Mortalität an Wasserentnahmebauwerken

Entsprechend ihrem Wanderverhalten, das sie der Hauptströmung folgen läßt, sind abwandernde Fische in besonderem Maße gefährdet, in Wasserentnahmebauwerke hineinzugeraten. Zu diesen Ausleitungsbauwerken zählen Kühlwassereinläufe, Betriebswasserentnahmen oder Bewässerungskanäle. Hierbei ist das Verletzungs- und Todesrisiko für die Fische unmittelbar abhängig von dem Verhältnis von Wasserführung zu entnommener Wassermenge. Die auftretenden Schäden sind anlagenspezifisch (TRAVADE & LARINIER 1992).

So belegen Untersuchungen von RAUCK (1980) am Kühlwassereinlauf des Kernkraftwerks Brunsbüttel an der Elbe, daß z.T. enorme Mengen von Fischen durch Kühlwasserentnahme getötet werden können. Der Kühlwasserdurchfluß an diesen Einlaufbauwerk betrug im Durchschnitt 120.000 $m^3/h$. Während sich im Grobrechen mit 40 mm lichter Stabweite ausschließlich Brachsen *(Abramis brama)* bis zu einer Körperlänge von 50 cm verfingen, verendeten am dahinter geschalteten Feinrechen mit 5 mm Maschenweite Individuen aller Größen von weiteren 24 Fischarten. Der überwiegende Teil der in diesen Rechen verfangenen Tiere geht durch den Anpreßdruck infolge des Massenaufkommens angetriebener Fische sowie der hier herrschenden Strömungsgeschwindigkeit, aber auch durch den Betrieb der Rechenreinigungsanlage zugrunde. Bezüglich des wirtschaftlichen Wertes waren an diesem Standort die Verluste an Aalen *(Anguilla anguilla)* die bedeutendsten: Pro Tag wurden zwischen 0 und 82 kg Aal, dies entspricht einer durchschnittlichen Menge von 6,5 t pro Jahr, vernichtet.

Fische, die in den Wassereinlauf eines Entnahmebauwerkes hineingeraten sind, haben nur dann eine Überlebenschance, wenn die Anströmgeschwindigkeit der Rechen geringer ist als die maximale Schwimmgeschwindigkeit, die sie erreichen können, um aus der gesamten Gefahrenzone stromaufwärts zu entfliehen.

## 8.4 Mortalität bei der Passage von Turbinen

Solange Wasserkraft durch den Betrieb von Wasserrädern gewonnen wurde, war eine nahezu ungehinderte Abwanderung von Fischen über die Mühlenwehre gewährleistet. Auch die im 19. Jahrhundert entwickelten Propellerturbinen waren offensichtlich weitgehend unschädlich für abwandernde Fische (ANONYMUS 1899, RABEN 1957c). Entsprechend enthält das Preußische Fischereigesetz vom 30. Mai 1874 zwar detaillierte Vorschriften zur Gewährleistung des Fischaufstieges, der Abstieg wird jedoch nur in Hinblick auf den Betrieb stationärer Fangeinrichtungen geregelt.

Diese Verhältnisse änderten sich mit der Entwicklung moderner Turbinentypen wie Pelton-, Francis- und Kaplanturbinen. Seit gegen Ende des 19. Jahrhunderts die alten Wasserräder zunehmend durch diese modernen und leistungsfähigen Turbinentypen ersetzt wurden, ist das Phänomen der Schädigung von Fischen bei der Passage von Turbinen bekannt und es wurde eine Vielzahl unterschiedlichster Strategien entwickelt, diese Schäden zu vermeiden oder zumindest zu verringern. Bereits GERHARDT (1897) stellte fest, daß die Abwanderung der Aale über Wehre und Mühlräder kein Problem sei, hingegen bei der Passage von Turbinen den Tieren mehrmals das Rückgrat gebrochen oder sie gänzlich zerschnitten würden, was zu großen Mengen von Aalstücken im Unterwasser führe. Infolge derartiger Beobachtungen wurde im preußischen Fischereigesetz vom 30. März 1880 in Artikel V festgelegt: *„Die Minister für Handel und Landwirtschaft sind befugt, zum Schutze der Fische gegen Beschädigung durch Turbinen bei jeder nach dem Inkrafttreten des Gesetzes erfolgenden Turbinenanlage dem Eigentümer der letzteren jederzeit die Herstellung und Unterhaltung von Vorrichtungen (Gittern, usw.),welche das Eindringen der Fische in die Turbinen verhindern, auf seine Kosten aufzuerlegen."* Nach wiederholten Diskussionen wurden nach GERHARDT (1893) Rechen mit 20 mm lichter Weite als Kompromiß eingebaut.

Da sich die Kraftwerksbetreiber wegen des hohen Wasserverlustes gegen bypaßähnliche Rohre wehrten, entwarf GERHARDT (1893) schließlich einen Aalpaß, der die Abwanderung bei geringstem Wasserverlust für ein Kraftwerk gewährleisten sollte. Im Prinzip handelte es sich um eine schräg stehende, gelochte Rinne, die auf der Wehrkrone aufliegt. Die Rinne führte die Tiere mittels einer sehr geringen Wassermenge über die Wehrkrone, wo sie in eine Aalleiter, einen Fischpaß oder in eine weitere schräge Rinne mündete, in das Unterwasser. Die Behauptung, eine in Greifenberg an der Rega in Pommern nach diesem Prinzip installierte Versuchsanlage verhindere zuverlässig die Schädigung abwandernder Aale, wird leider nicht durch entsprechende Untersuchungen belegt.

In der Vergangenheit sind vielfältige Untersuchungen zur Mortalität von Fischen bei der Passage von Turbinen durchgeführt worden, hauptsächlich mit juvenilen Salmoniden, seltener auch mit Maifischen und Aalen. Anhand der Befunde zeigt sich, daß die Mortalität in Pelton-Turbinen nahezu absolut ist und auch in Ossberger-Turbinen bereits bei kleinen Fischen wie Lachs-Smolts mehr als 50 % erreicht (GLOSS & WAHL 1983, LARINIER & DARTIGUELONGUE 1989). Da ein rentabler Einsatz dieser Turbinentypen jedoch große Fallhöhen voraussetzt, finden sich diese Pelton- und Ossberger-Turbinen nur selten in Laufwasserkraftwerken.

In Laufwasserkraftwerken werden heute hauptsächlich Kaplan- und Francis-Turbinen eingesetzt. Die Mortalität juveniler Salmoniden in diesen Turbinentypen hängt entscheidend von den Dimensionen, dem Betriebszustand, der Fallhöhe sowie der Art und Größe der Fische ab. Sie schwankt bei Francis-Turbinen zwischen weniger als 5 % und mehr als 90 %. In Kaplan-Turbinen ist die Mortalität mit durchschnittlich 5 % bis 20 % in der Regel geringer. Allerdings kann die Mortalität bei verschiedenen Fischarten wesentlich größer sein:

- Aufgrund der höheren Empfindlichkeit gegenüber Druckschwankungen bei Physoclisten.
- Aufgrund ihrer Körperlänge bei Aalen *(Anguilla anguilla)*.

- Juvenile Maifische *(Alosa alosa)* reagieren sehr empfindlich auf eine Turbinenpassage, so daß ihre Mortalität, die bei Salmoniden gleicher Größe nur 10 % bis 15 % erreicht, 65 % bis 85 % betragen kann.

Die turbinenbedingte Mortalität von Fischen ist auf verschiedene Ursachen zurückzuführen:

- Direkte Verletzungen durch Berührung fester oder beweglicher Teile der Turbinen: Die Leitwerkschaufeln von Turbinen sind nach RABEN (1957a) unschädlich, da sie feststehend sind und den Wasserstrom nur „in Strömungsrichtung in Längsbahnen aufteilen". Beim Laufrad dagegen bewegen sich die Schaufeln quer zur Strömung und unterteilen so den Wasserstrang in Abschnitte bestimmter Länge. Die Länge eines Fisches darf also die Länge dieser Wasserabschnitte nicht überschreiten, da er ansonsten von der Schaufelkante getroffen wird. MONTÉN (1985) bestätigt, daß die meisten Verluste durch Kollisionen zwischen Fisch und Turbinenschaufeln entstehen, so daß die Schädigungsrate mit zunehmender Länge der Fische ansteigt.
- Beschleunigung und Verlangsamung: Die Fließgeschwindigkeiten in den Ein- und Auslaufkanälen von Turbinen übersteigen selten 2 m/s. Werden die Fische nicht an eine Totalabsperrung, z.B. einen Rechen angedrückt, so können sie in der Regel bei dieser Geschwindigkeit noch Kollisionen mit Anlagenteilen verhindern. Turbulenzen können hingegen für Fische ein Problem darstellen, da sich bei den Geschwindigkeiten in der Turbine, die bis zu 30 m/s erreichen, der Schwerpunkt des Tieres mit der Strömung bewegt, ohne daß der Fisch darauf reagieren kann. Je näher die Effizienz der Turbine ihrem optimalen Wirkungsgrad kommt, desto geringer sind die Turbulenzen in der Turbine (MONTÉN 1985).
- Druckschwankungen: Der Fisch ist bei der Passage einer Turbine starken Druckschwankungen ausgesetzt. Zunächst sinkt der Druck für Sekundenbruchteile abrupt unter Atmosphärendruck, um danach ebenso abrupt wieder anzusteigen. Diese innerhalb kürzester Zeit auftretenden Druckschwankungen mit großer Amplitude, insbesondere jedoch Unterdrücke, können die Schwimmblase der Fische zum Platzen bringen. Regenbogenforellen *(Oncorhynchus mykiss)* wurden in Versuchen einem Wasserdruck bis etwa 13,8 bar ausgesetzt, der abrupt auf Atmosphärendruck gesenkt wurde. Während des hohen Druckes waren die Fische unbeweglich, zeigten aber keine Beeinträchtigungen (MUIR 1959). Auch deutsche und schwedische Untersuchungen zeigten, daß Fische diese Druckschwankungen relativ unbeschadet überstehen (MONTÉN 1985). Lediglich bei der Passage von Staumauern mit sehr großen Fallhöhen und extrem starken Druckschwankungen wurden Kiemen- und interne Blutungen festgestellt.

- Kavitation: Bei Überbelastung der Turbinen, z.B. infolge zu großer Wassermengen, entstehen Turbulenzen und Vibrationen in der Maschine, die zu Kavitationen führen können. Dabei entstehende Gasblasen können bis zu einem halben Meter im Durchmesser anwachsen und Schäden in der Schwimmblase und den Blutgefäßen der Fische sowie Kiemenblutungen hervorrufen (MUIR 1959, MONTÉN 1985).

Folgende prinzipielle Zusammenhänge zwischen konstruktiven Charakteristika bzw. Betriebszuständen von Turbinen und der Mortalitätsrate abwandernder Fische sind der Literatur zu entnehmen:

- Anstellwinkel: Der Anteil verletzter Aale steigt mit abnehmendem Abfluß, da der Spalt zwischen den Laufradschaufeln von Kaplanturbinen bei geringer Abflußmenge verengt wird, um eine gleichbleibende Drehzahl zu gewährleisten (RABEN 1955). Auch bei Untersuchungen am Neckar stellte sich heraus, daß die Schadensrate direkt abhängig vom Öffnungswinkel der Turbine ist. Besonders ungünstig sind geringe Anstellwinkel kleiner 20°, die bei schwachen Abflußmengen vorliegen: Hierdurch werden ca. 50 % aller Aale geschädigt; gegenüber 20 % bis 30 % geschädigter Tiere bei einem Anstellwinkel von 25° bis 30°. Die Abwanderung des Aales findet hauptsächlich im Herbst statt, d.h. in einem Zeitraum, in dem oft Niedrigwasser herrscht. Die Turbinenschäden sind infolge des geringeren Anstellwinkels in dieser Zeit besonders hoch (BERG 1987).
- Drehzahl: Die Umlaufgeschwindigkeit der Turbine beeinflußt maßgeblich das Ausmaß an mechanischen Verletzungen, die mit höheren Drehgeschwindigkeiten stark zunehmen (HEMSEN 1960, CRAMER & OLIGHER 1964).
- Drehachse: Die Mortalität von Fischen nimmt zu, wenn das Wasser nicht in Drehachsenrichtung auf die Turbinenblätter auftrifft, sondern in der Turbine abgelenkt wird (CRAMER & OLIGHER 1964).
- Durchmesser der Turbine: Je geringer der Laufraddurchmesser, desto größer ist die schädigende Wirkung der Turbine (HEMSEN 1960).

Im folgenden wird eine Auswahl von Untersuchungsbefunden zur Mortalität von Fischen in den Turbinen von Wasserkraftanlagen wiedergegeben, die einerseits die große Fülle derartiger Untersuchungen und andererseits die Spannweite der Ergebnisse wiedergibt:

- In einem Versuch, dessen Aufbau nicht näher beschrieben wird, wurden 100 Plötzen durch eine Turbine "laufen" gelassen, von denen 70 unterhalb mit einem Netz wieder aufgefangen werden konnten. Lediglich zwei Fische waren völlig unverletzt (ANONYMUS 1899).

- Am Kraftwerk Obernau bei Aschaffenburg am Main wurden 1937 Untersuchungen zur Auswirkung von Kaplanturbinen auf Fische durchgeführt. Das Laufrad besaß einen Durchmesser von 4,45 m. In einem ersten Versuch wurden 1.339 Aale im Unterwasser des Kraftwerks aufgefangen, von denen 60 (4,5 %) zerstückelt und 186 (13,9 %) innerlich verletzt waren. Bei einem zweiten Versuch waren von insgesamt 250 Aalen 8 (3,2 %) zerstückelt und 41 (16,4 %) innerlich verletzt. Außerdem wurden 1.122 Fische anderer Arten gefangen, von welchen 15 (1,3 %) Verletzungen aufwiesen (RABEN 1955).
- Im Oktober 1956 wurden am Kraftwerk Kleinwallstadt im Main ähnliche Untersuchungen mit Aalen *(Anguilla anguilla)* durchgeführt. Bei zwei Versuchsdurchgängen mit leicht modifizierter Versuchsanordnung wiesen 12 % bzw. 15,4 % der Fische mehr oder weniger schwere Verletzungen auf. Bei Aalen, die zur Simulation der Winterstarre zuvor mit 1 % Äthylurethanlösung betäubt worden waren, stieg die Verletzungsrate auf 40,5 % (BUTSCHEK & HOFBAUER 1977).
- Im Snake River (Nordamerika) haben abwandernde Smolts pazifischer Wandersalmoniden acht Dämme zu bewältigen, wobei die Mortalität durch die Turbinen bis zu 40 % beträgt (RAYMOND 1979).
- An Jungfischen, die die Turbine eines Stausees in Mähren passiert hatten, wurden traumatische Verletzungen aufgrund der hohen Druckunterschiede bei der Turbinenpassage festgestellt. Als Hauptbefunde traten geplatzte Schwimmblasen, ein gestörtes Schwimmverhalten und Blutungen an der Flossenbasis sowie Kombinationen aus diesen Verletzungen auf (BARUS et al. 1984).
- Am Holyoke Staudamm am Connecticut River (Massachusets, Vereinigte Staaten) beträgt die Mortalität von Maifischen bei der Passage von Turbinen mit voller Leistung (16,5 MW) 62 % und bei reduzierter Leistung (5,5 MW und 12,0 MW) 82 %. Als wichtigste Ursache für die hohe Mortalität wird hier die Kavitation angenommen (TAYLOR & KYNARD 1985).
- Bei Mortalitätsuntersuchungen an zwei französischen Kleinwasserkraftwerken mit Fallhöhen von jeweils 4 m bis 5 m wurden bei einer Francis-Turbine mit 0,6 m Durchmesser eine Mortalität von 35 % sowie 8,5 % bei einer Kaplan-Turbine mit 2,1 m Durchmesser festgestellt (DARTIGUELONGUE & LARINIER 1987).
- TRAVADE, DARTIGUELONGUE & LARINIER (1987) führten parallel hierzu Untersuchungen an drei weiteren Wasserkraftwerken durch: an der Dordogne in Mauzac (Francis-Turbine) und Tuilière (Kaplan-Turbine) sowie am Allier in Poutès (Francis-Turbine). Die Anlagen an der Dordogne besitzen beide mit 5 m und 11,5 m relativ geringe Fallhöhen. Die Turbinen erreichen hier eine Rotationsgeschwindigkeit von 55 U/min bzw. 167 U/min. In Poutès hingegen ist mit 61,5 m eine weitaus größere Fallhöhe gegeben, die Turbinen erreichen eine Drehzahl von

428 U/min. Die Studien wurden mit gezüchteten Forellen durchgeführt, die der Größe von Smolts entsprachen. Sie wurden oberhalb des Laufrades zu je 100 Stück leicht narkotisiert eingesetzt und durch ein am Turbinenausfluß befestigtes Netz mit Reusen wieder eingefangen. Die festgestellte Mortalität war in Mauzac mit 5,35 % sehr gering, in Tuilière mit 13 % gering und in Poutès mit 50 % bedeutend. Ausschließlich in Poutès trat eine Abhängigkeit der Mortalität vom Betriebszustand der Turbine auf: Sie lag bei Halblast zwischen 41,3 % und 67,2 % sowie zwischen 35 % und 52 % bei Normalbetrieb.

- Bei Untersuchungen der Wasserkraftanlage „Am letzten Heller" in der Werra, die mittels einer Kaplan-Turbine mit einem Laufraddurchmesser von 2,41 m eine Fallhöhe von 3,77 m ausnutzt, wurden nach der Passage der Turbine insgesamt 445 Fische 9 verschiedener Arten im Unterwasser gefangen. Die dominante Fischart war mit 52,1 % der Aal *(Anguilla anguilla)*, gefolgt von 25,8 % Barsch *(Perca fluviatilis)* und 14,8 % Plötze *(Rutilus rutilus)*. Die restlichen 7,2 % entfielen auf Brachsen *(Abramis brama)*, Bachforelle *(Salmo trutta f. fario)*, Hasel *(Leuciscus leuciscus)*, Rotfeder *(Scardinius erythrophthalmus)* und Zander *(Stizostedion lucioperca)*. Bei den Aalen traten hauptsächlich zwei letale Verletzungsformen auf: durch Einklemmen zwischen Laufradblättern und Wand vollkommen durchtrennte Exemplare sowie Wirbelfrakturen. Es ergab sich kein Zusammenhang zwischen der Schädigungsrate und dem Öffnungswinkel der Laufradblätter. Bei Aalen *(Anguilla anguilla)* wurde eine Schädigungsrate von 8,6 %, bei Barschen *(Perca fluviatilis)* von 3,5% und bei Plötzen *(Rutilus rutilus)* von 3,0 % ermittelt. Obgleich die Stichprobe der untersuchten Fische zu klein war, deutete sich eine Längenabhängigkeit der Schäden an, wobei größere Exemplare stärker betroffen waren (BERG 1988).
- Am Hadley Falls Dam am Connecticut River (Vereinigte Staaten) beträgt die Mortalität juveniler Maifische *(Alosa alosa)* bei der Passage einer Kaplanturbine mit 5 Laufblättern und einem Durchmesser von 4,3 m bei maximaler Umdrehung von 128 U/min. 2,7 % (MATHUR et al. 1994).

Umfangreiche Literaturstudien zur turbinenbedingten Mortalität von Fischen liegen u.a. von MONTEN (1985), EICHER (1987), LARINIER & DARTIGUELONGUE (1989), CHRISTEN (1996) sowie HÖFER & RIEDMÜLLER (1996) vor. In den nachfolgenden Tabellen sind die recht unterschiedlichen Ergebnisse verschiedenster Untersuchungen der Mortalitätsrate in Francis- und Kaplan-Turbinen zusammengestellt.

Tab. 1: Turbinenschäden an Wasserkraftwerken mit Francis-Turbinen (nach LARINIER & DARTIGUELONGUE 1989, ergänzt durch Angaben anderer Autoren)

| **Gewässer** | **Kraftwerk** | **Fallhöhe [m]** | **Abfluß [m³/s]** | **Drehzahl [U/min]** | **Arten** | **Mortalität [%]** |
|---|---|---|---|---|---|---|
| Baker River | Baker Dam | 76,2 | 15,6 | 300 | div. | 28,0 - 37,0 |
| C.-Zellerbach | Willamette Falls | 13,0 | 15,0 | 240 | div. | 18,8 - 100,0 |
| Skokomish R. | Cushman | k.A. | k.A. | k.A. | Coho Lachs | 25,0 - 63,9 |
| Elwha River | Glines Canyon | 59,0 | 42,4 | 225 | div. | 30,0 - 33,0 |
| | Lower Elwha | 31,7 | 14,0 | 300 | div. | 0 |
| McKenzie R. | Leaburg | 27,0 | 32,1 | 225 | div. | 4,8 |
| East River | Malay's Falls | 12,0 | 37,5 | 225 | div. | 10,6 |
| Puntledge R. | Puntledge | 103,6 | 34,0 | 277 | div. | 27,5 - 41,9 |
| Stave River | Ruskin | 37,5 | 112,0 | 120 | div. | 10,5 |
| Seton Creek | S. Creek St. | 45,0 | 127,0 | 120 | div. | 9,2 |
| Sacramento R. | Shasta | 101,0 | 90,5 | 138,5 | div. | 18,4 - 46,9 |
| Modelluntersuchungen | | 14,6 | 0,81 | 450 | div. | 25,0 - 80,0 |
| | | 14,6 | 0,81 | 381 | Lachs | 10,0 - 40,5 |
| | | 14,6 | 0,45 | 381 | Lachs | 0 - 5,0 |
| | | 14,6 | 0,81 | 395 | Lachs | 8,0 - 60,0 |
| | | 14,6 | 0,81 | 395 | div. | 83,0 - 92,0 |
| Hemsjö | k.A. | 16,0 | 3,6 | 300 | Lachs | 16,6 |
| | | 16,0 | 3,6 | 300 | Aal | 100,0 |
| | | 16,0 | 3,3 | 300 | Lachs | 26,0 |
| | | 16,0 | 2,9 | 300 | Lachs | 25,8 |
| | | 16,0 | 2,9 | 300 | Aal | 65,0 |
| | | 16,0 | 2,2 | 300 | Aal | 9,0 |
| | | 16,0 | 2,5 | 300 | Lachs | 27,6 |
| | | 16,0 | 1,7 | 300 | Lachs | 3,7 |
| | | 16,0 | 1,4 | 300 | Lachs | 2,5 |
| | Untra | 13,5 | 19,3 | 125 | Aal | 40,0 |
| | Stornorrfors | 75,0 | 233,0 | 115 | Lachs | 8,5 |
| | | 75,0 | 170,0 | 115 | Lachs | 7,7 |
| | | 75,0 | 105,0 | 115 | Lachs | 4,3 |
| Gleen Lyn | Cashlie | 137,0 | 8,4 | k.A. | div. | 60,0 - 80,0 |
| Dordogne | Mauzac | 5,0 | 55,0 | 55 | div. | 5,3 |
| | | 5,0 | 30,0 | 55 | div. | 5,4 |
| Allier | Poutez | 61,5 | 14,0 | 428 | div. | 48,0 - 51,6 |
| | | 61,5 | 10,5 | 428 | div. | 35,0 - 51,9 |
| | | 61,5 | 8,0 | 428 | div. | 41,0 - 67,2 |
| div. diverse Fischarten | | k.A. keine Angaben | | | | |

Tab. 2: Turbinenschäden an Wasserkraftwerken mit Kaplan-Turbinen (nach LARINIER & DARTIGUELONGUE 1989, ergänzt um Angaben anderer Autoren)

| Gewässer | Kraftwerk | Fallhöhe [m] | Abfluß [$m^3/s$] | Drehz. [U/min] | Arten | Mortalität [%] |
|---|---|---|---|---|---|---|
| N. Santiam R. | Big Cliff | 27,4 | 83,0 | 163,6 | div. | 11,0 - 21,0 |
| | Foster | 33,5 | k.A. | 257 | div. | 7,8 - 26,9 |
| Merrimack R. | Essex | 8,84 | 127,4 | 128,6 | div. | 2,0 |
| Connecticut R. | Holyoke | 9,6 | 117,6 | 128,5 | Am. Maifisch | 62,9 - 83,0 |
| Snake River | Ice Habor | 27,0 | 447,0 | 90 | div. | 32,0 |
| | L. Monumental | 28,0 | 624 | 90 | div. | 11,0 - 20,0 |
| Columbia River | McNary | 24,5 | 303 | 86 | div. | 8,0 - 13,0 |
| | Rock Island | 11,85 | 469 | 100 | div. | 0 - 8,6 |
| | Bonneville | 18,3 | 368,0 | 75 | div. | 11,5 |
| Tobique River | T. Narrows 1 | 23 | 54 | 225 | div. | 17,0 |
| | T. Narrows 2 | 23 | 54 | 225 | div. | 16,5 - 23,7 |
| Tusket River | Tusket Falls | 6,1 | 13 | 225 | div. | 4,4 - 60,1 |
| McKenzie R. | Walterville | 17 | 57 | k.A. | div. | 2,5 - 7,5 |
| Modelluntersuchungen | | 14,6 | 1,26 | 311 | Lachs | 15,0 - 45,3 |
| | | 14,6 | 0,78 | 245 | Lachs | 14,0 - 31,0 |
| | | 14,6 | 0,78 | 258 | div. | 20,0 - 100,0 |
| | | 14,6 | 1,26 | 327 | Barsch | 66,0 |
| Nach MONTEN (1985) | Gustavsberg | 11,5 | 3,2 | 375 | Aal | 99,0 |
| | | 11,5 | 6,0 | 375 | Aal | 98,0 |
| | | 11,5 | 8,3 | 375 | Aal | 100,0 |
| | Langgöl | 11,5 | 5,5 | 375 | Lachs | 13,0 |
| | | 11,5 | 5,5 | 375 | Aal | 80,8 - 89,8 |
| | | 12,0 | 1,2 | 720,5 | Lachs | 19,5 |
| | | 12,0 | 1,2 | 720,5 | Aal | 75,0 - 97,8 |
| | Karlsnäs | 6,0 | 11,0 | 250 | Aal | 88,0 |
| | Nöbbelölv | 10,0 | 16,5 | 250 | Aal | 83,8 |
| | Emsfors | 6,0 | 12,5 | 187 | Aal | 63,0 |
| | Broby | 9,0 | 17,0 | 250 | Aal | 81,2 |
| | Kvarnaholm | 7,5 | 30 | 150 | Aal | 92,0 |
| | | 7,5 | 50 | 150 | Aal | 61,0 |
| | Ångäback | 6,0 | 30 | 125 | Lachs | 8,0 |
| | | 6,0 | 40 | 125 | Aal | 63,0 |
| | | 6,0 | 60 | 125 | Lachs | 8,0 |
| | | 6,0 | 60 | 125 | Aal | 40,0 |
| Erne | Cathaleen's F. | 31,0 | k.A. | k.A. | div. | 0 - 20,0 |
| | Cliff's Falls | 12,9 | k.A. | k.A. | div. | 20,0 - 25,0 |
| Dordogne | Tuilière | 11,5 | 39,4 | 166,7 | div. | 14,0 |
| | | 11,5 | 30,0 | 166,7 | div. | 8,3 |
| | | 11,5 | 20,7 | 166,7 | div. | 12,5 |
| | | 11,5 | 11,8 | 166,7 | div. | 17,0 |
| Neckar | Neckarzimmern | 5,3 | 40 - 80 | 83,4 | Aal | 25,0 - 50,0 |

div. diverse Fischarten k.A. keine Angaben

Vor dem Hintergrund der Ermittlung fischereilicher Ertragseinbußen durch Wasserkraftwerke wurden verschiedene Berechnungsverfahren entwickelt, mit denen die Schädigungsrate von Salmoniden und Aalen mehr oder weniger gut abgeschätzt werden kann:

- RABEN (1957a) stellte eine Formel zur Berechnung der Berührungshäufigkeit auf, in welche die Länge des Wasserabschnittes zwischen den Turbinenblättern und diejenige des Fisches eingehen. Die errechneten Werte waren jedoch wesentlich höher als die tatsächlich bei Kontrolluntersuchungen ermittelten Schädigungsraten. Daraus zog der Autor den Schluß, daß es eine kritische Aufprallgeschwindigkeit gibt, ab der erst Verletzungen zustande kommen. Auch hierfür entwickelte er eine Formel. Eine Kombination beider Formeln sollte die Berechnung der tatsächlichen Schädigungsrate ermöglichen. In einer weiteren Veröffentlichung korrigierte RABEN (1957b) den errechneten Schädigungsgrad mit dem Faktor k = 0,43 um eine Übereinstimmung von errechnetem und experimentell ermitteltem Wert zu erreichen.
- In Frankreich wurde ein Verfahren entwickelt, dessen Eingangsgrößen die konstruktiven Merkmale der Turbine sowie die Längen der Fische sind (TRAVADE & LARINIER 1992).

Abb. 7: Die entscheidende Frage ...

## 8.5 Mortalität an und in Fischschutzeinrichtungen

Unter der Voraussetzung, daß die Mortalität von Fischen an einem Wasserkraftwerk bei der Passage der Turbinen oder des Überlaufes gering ist, erübrigt sich unter Umständen der Bau spezieller Fischschutzeinrichtungen oder Fischabstiegsanlagen. So wird für einige schottische und irische Anlagen die Gefahr der Prädation durch Raubfische als wesentlich größer eingeschätzt, als die Mortalität der Fische infolge der Auswirkungen durch die Wasserkraftwerke. Auch haben neuere Untersuchungen ergeben, daß die Mortalität für Fische in speziell für den Fischabstieg konstruierten Abstiegsanlagen durchaus erheblich sein kann. So berichten TRAVADE & LARINIER (1992) von Fällen, bei denen diese Abstiegseinrichtungen größere Schädigungen hervorrufen, als bei der Passage durch die Turbinen entstehen würden. Beim Red Bluff Damm im Sacramento (Kalifornien, Vereinigte Staaten) wurde z.B. die Mortalität bei Wandersalmoniden-Smolts infolge der Passage der dort installierten Louver und Bypässe mit 4 % beziffert. Hauptursache hierfür waren insbesondere Durchflußmesser innerhalb der Bypässe, die nach Vorliegen dieser Ergebnisse entfernt wurden (VOGEL et al. 1990).

Einlaufrechen von Wasserkraftwerken dienen primär dem Fernhalten von Treibgut zum Schutz der Turbinen. Bei den gebräuchlichen Rechenweiten von ca. 60 mm bis 80 mm werden nur extrem große Fische ferngehalten, so daß häufig gefordert wird, die lichte Weite des Rechens auf 20 mm zu reduzieren, um das Eindringen von Fischen in das Kraftwerk und ihre Schädigung durch die Turbinen zu verhindern. Einerseits aber können einen 20-mm-Rechen selbst Aale bis 70 cm Gesamtlänge noch passieren, so daß nur extrem große Exemplare wirklich effektiv zurückgehalten werden, andererseits treten bei entsprechenden Rahmenbedingungen gerade an 20-mm-Rechen unter Umständen gravierende Fischschäden auf (ADAM et al. 1997). Bei hohen Anströmgeschwindigkeiten werden große Aale und andere Fische zwar von dem Rechen am Eindringen in das Wasserkraftwerk gehindert, können jedoch nicht gegen die Strömung aus dem Gefahrenbereich fliehen, sondern werden vielmehr aufgrund des Wasserdruckes gegen den Rechen gepreßt. Hierdurch erleiden sie so schwere Verletzungen, insbesondere Wirbelbrüche und Verletzungen innerer Organe, daß sie verenden (Abb. 8 und 9). Auch wenn Fische von der Rechenreinigungsmaschine erfaßt werden, tragen sie in der Regel letale Verletzungen davon. Derartige Schäden traten z.B. 1990 in massiver Form an der Wasserkraftanlage Wahnhausen in der Fulda auf, die zuvor mit einem 20-mm-Rechen ausgestattet worden war, um die hohe turbinenbedingte Mortalität abwandernder Aale zu minimieren (SCHWEVERS et al. 1998). Als Grenzgeschwindigkeit, bei der es Aalen noch gelingt sich von einem 20-mm-Rechen zu lösen und gegen die Strömung zu fliehen, wurden in Laboruntersuchungen 0,5 m/s ermittelt (ADAM et al. 1997). Wenn am Rechen höhere Anströmgeschwindigkeiten auftreten, ist folglich mit einer erhöhten Mortalität zu rechnen. Umgekehrt wurde in Wahnhausen die Erfahrung gemacht, daß keine Schäden durch den Rechen mehr zu verzeichnen sind, wenn die Wasserkraftanlage soweit gedrosselt wird, daß die Anströmgeschwindigkeit den kritischen Wert von 0,5 m/s nicht überschreitet.

## 9 Ausblick

Die vorangegangenen Kapitel enthalten zahlreiche Einzelaspekte über die Abwanderung von Fischen. Dies vermittelt den Eindruck, daß ein umfangreiches Wissen über die verschiedenen Formen der stromabwärts gerichteten Wanderung von Fischen, ihre Auslöser und Rhythmen verfügbar ist. Einer Entwicklung funktionsfähiger Anlagen oder effektiver Strategien zur Vermeidung der Schädigung von Fischen durch Wasserkraftwerke und Kühlwasserentnahmen stehen dennoch entscheidende Wissensdefizite entgegen. Infolge dessen existieren derzeit bislang lediglich in Nordamerika an einigen Gewässern Fischschutzeinrichtungen, die mit enormem technischen und finanziellen Aufwand das Eindringen von Fischen in Wasserkraftwerke und Wasserentnahmebauwerke wirksam verhindern, indem das Wasser mit geringer Strömungsgeschwindigkeit durch enge Siebe oder Rechen gefiltert wird.

Will man jedoch mit realistischem Aufwand, der die Rentabilität der Wasserkraftnutzung bzw. der Wasserentnahme nicht in Frage stellt, wirksam das Eindringen von Fischen verhindern, sind exakte und detaillierte Kenntnisse ihrer Verhaltensweisen erforderlich, um diese bei der Konstruktion effizienter Fischschutzeinrichtungen berücksichtigen zu können. In diesem Zusammenhang sind folgende Aspekte von vorrangiger Bedeutung:

- Die Orientierung abwandernder Fische in der fließenden Welle.
- Die Differenzierung von Zeitgebern zur gewässersystem- und ggf. standortspezifischen Prognose von Abwanderungsmaxima.
- Die Identifizierung von Wanderkorridoren im Querschnitt des Gewässers sowie an Stauanlagen.
- Die Analyse artspezifischer Reaktionen auf Wanderhindernisse.

Diese Fragestellungen skizzieren gleichzeitig den vorrangigen Forschungsbedarf auf dem Gebiet der Fischabwanderung. Nur wenn hier in Zukunft wesentliche Kenntnisgewinne erreicht werden, ist das Ziel einer umwelt-, arten- und tierschutzgerechten Nutzung der Gewässer durch Wasserkraftwerke und Wasserentnahme langfristig erreichbar.

Abb. 8: Am Rechen eines Wasserkraftwerkes innerhalb einer Nacht getötete Aale (Foto: G. Wagner)

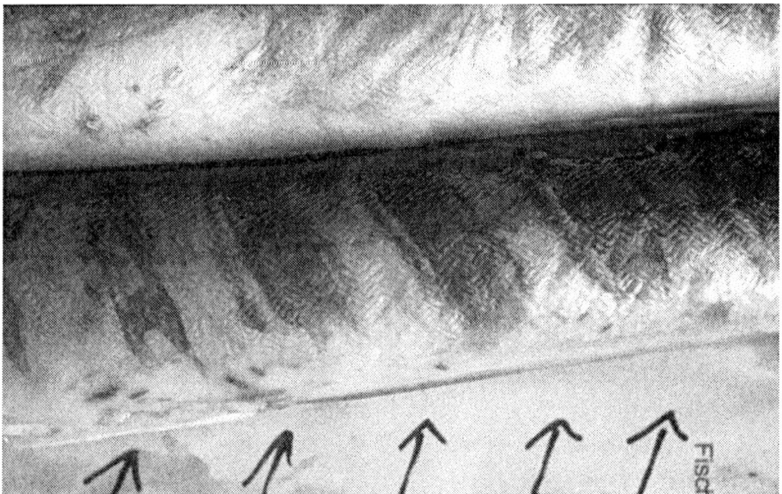

Abb. 9: Typisches Schadensbild eines 20-mm-Rechens (Foto: K. Ebel)

## 10 Literatur


**Adam, B., U. Schwevers & C. Gumpinger** (1997): Verhaltensbeobachtungen zur Abwanderung von Aalen *(Anguilla anguilla)* und Lachsen *(Salmo salar)* unter Laborbedingungen. - Institut für angewandte Ökologie im Auftrag des Regierungspräsidiums Kassel, Obere Fischereibehörde, 71 S. (unveröff. Manuskript).

**Adam, B. & U. Schwevers** (1997): Aspekte des Schwimmverhaltens rheophiler Fischarten. - Österr. Fischerei 50, 256 - 260.

**Albrecht, M. L. & F. W. Tesch** (1959): Standorttreue von Bachforelle *(Salmo trutta f. fario L.)* und Äsche *(Thymallus thymallus L.)*. - Dt. Fischereizeitung 6, 202 - 206.

**Allen, G. H.** (1968): Mortality of Coho smolts migrating through a lake system. - Ecology 49, 1001 - 1002.

**Allen, K. R.** (1935): The food and migration of the Perch *(Perca fluviatilis)* in Windermere. - J. Anim. Ecol. 4, 264 - 273.

**Allen, K. R.** (1944): Studies on the biology of the early stages of the salmon *(Salmo salar)*. 4. The smolt migration in the Thurso River in 1939. - J. Anim. Ecol. 13, 63 - 85.

**Anonymus** (1899): Turbinen und Fische. - Allg. Fischerei-Z. NF. 24, 283.

**Baglinière, J. L. & G. Fontenelle** (1980): Dévalaison de bécards de saumon Atlantique *(Salmo salar L.)* sur la rivière Ellé, Finistère. - Bull. Cent. Etud. Rech. sci., Biaritz 13, 13 - 22.

**Baglinière, J. L. & G. Maisse** (1985): Precocious maturation and smoltification in wild Atlantic salmon in the Armorican Massif, France. - Aquaculture 45, 249 - 263.

**Baglinière, J. L.** (1976): Etude des populations de Saumon Atlantique *(Salmo salar L., 1766)* en Bretagne - Basse Normandie. II. Activité de dévalaison des smolts sur l'Ellé. - Ann. Hydrobiol. 7, 159 - 177.

**Barus, V., J. Gajdusek, D. S. Pavlov & V. K. Nezdolij** (1984): Downstream fish migration from two Czecholslovakian reservoirs in winter conditions. - Folia Zoologica 33, 167 - 181.

**Beall, E. & C. Marty** (1983): Dévalaison et survie d'alevins de saumon atlantique, *Salmo salar* en milieu semi - naturel controlé. - Bull. Fr. Pêche Piscic. 290, 135 - 148.

**Beamish, F. W. H. & I. C. Potter** (1975): The biology of the anadromous sea lamprey *(Petromyzon marinus)* in New Brunswick. - J. Zoology 177, 57 - 72.

**Berg, M.** (1953): A relict salmon, *Salmo salar L.,* called „smablank“ from the River Namsen, North Trondelag. - Acta Borealia 6, 1 - 17.

**Berg, R.** (1987): Fischschäden durch Turbinen. - Arb. Dt. Fischereiverb. 44, 41 - 47.

**Berg, R.** (1988): Gutachterliche Stellungnahme zu Fischschäden durch den Betrieb der Wasserkraftanlage "Am letzten Heller". - Unveröff. Gutachten, Langenargen (Institut für Seenforschung und Fischereiwesen), 34 S..

**Berggren, T. J. & M. J. Filardo** (1993): An analysis of variables influencing the migration of juvenile salmonids in the Columbia river basin. - North Am. J. Fish. Management 13, 48 - 63.

**Bless, R.** (1979): Wandernde Fische und deren besondere Schutzbedürfnisse. - Natur und Landschaft 54, 202 - 205.

**Bless, R.** (1985): Zur Regeneration von Bächen in der Agrarlandschaft. - Schr. R. Landschaftspflege und Naturschutz 26, 79 S..

**Bless, R.** (1990): Die Bedeutung von gewässerbaulichen Hindernissen im Raum-Zeit-System der Groppe *(Cottus gobio* L.*)*. - Natur und Landschaft 65, 581 - 585.

**Bohlin, T., C. Dellefors & U. Faremo** (1993): Timing of sea-run brown trout *(Salmo trutta)* smolt migration: effects of climatic variation. - Can. J. Fish. Aquat. Sci. 50, 1132 - 1136.

**Bohlin, T., C. Dellefors & U. Faremo** (1996): Date of smolt migration depends on body-size but not age in wild sea-run brown trout. - J. Fish Biol. 49, 157 - 164.

**Born, O.** (1995): Untersuchungen zur Wirksamkeit von Fischaufstiegshilfen am unterfränkischen Main. - Dissertation, TU München (Institut für Tierwissenschaften), 235 S..

**Brühl, L.** (1928): Zur Frage des Wiederaufstiegs der Lachse. - Korrespondenzbl. f. Fischzüchter, Teichwirte u. Seenbesitzer 33, 184 - 186.

**Butschek, V. & J. Hofbauer** (1977): Versuche über die Schädigung von Aalen durch Kaplanturbinen. - Berichte Fischereiverb. Unterfranken 9, 173 - 180.

**Carlin, B.** (1969): The migration of salmon. - Swedish Salmon Research Institute, LFI Meddelande 4, 14 - 21.

**Cazemier, W. G.** (1995): Überwachung der Fischmigration in den Niederlanden, dritter Tätigkeitsbericht. - Ijmuiden (RIVO Rapport C052/95), 19 S..

**Christen** (1996): Literaturrecherche über Mortalität von Fischen in Kaplan-Turbinen. - Karlsruhe (Badenwerk AG), 29 S..

**Cramer, F. K. & R. C. Oligher** (1964): Passing fish through hydraulic turbines. - Trans. Am. Fish. Soc. 93, 243 - 259.

**Dartiguelongue, J. & M. Larinier** (1987): Evaluation des dommages subis par les juvéniles lors de leur passage à travers les turbines des microcentrales de St-Pée-sur-Nivelle et Lailhacar (Pyrénées atlantiques). - In: Thibault, M. & R. Billard (Hrsg.): La restauration des rivières à saumons, Paris (INRA), 175 - 182.

**Deelder, C. L.** (1984): Synopsis of biological data on the Eel *Anguilla anguilla* (Linneaeus 1758). - FAO Fish. Synopsis 80 (Rev. 1), 1 - 73.

**Demoll, R.** (1949): Muß im Donaugebiet grundsätzlich der Bau von Fischpässen gefordert werden? - Allg. Fischerei-Z. 61, 297 - 299.

**Dumas, J. & A. Marty** (1987): Biologie des saumons de la Nivelle et de l'Adour: renseignements recents obtenus par piégeage dans un passe à poissons. - La Houille Blanche 1/2, 117 - 123.

**Dumont, U., C. Gumpinger, M. Redeker, & U. Schwevers** (1997): Fischabstieg - Literaturdokumentation. - DVWK-Materialien 4/97, 254 S..

**Dunkley, D. A.** (1985): Changes in the timing and biology of salmon runs. - In: Jenkins, D. & W. M. Shearer (Hrsg.): The status of the Atlantic salmon in Scotland, Huntingdon (ITE).

**DVWK (Deutscher Verband für Wasserwirtschaft und Kulturbau, Hrsg.)** (1996): Merkblätter zur Wasserwirtschaft 232/1996: Fischaufstiegsanlagen - Bemessung, Gestaltung, Funktionskontrolle. - Bonn (Wirtschafts- und Verlagsgesellschaft Gas und Wasser mbH), 110 S..

**Ehrenbaum, E.** (1894): Beiträge zur Naturgeschichte einiger Elbfische *(Osmerus eperlanus L., Clupea finta Cuv., Acerina cernua L., Acipenser sturio L.)*. - Wiss. Meeresunters. NF. 1, 37 - 82.

**Eicher, G. J.** (1987): Turbine-related fish mortality: review and evaluation of studies. - Portland / Oregon (Eicher Associates), 78 S..

**Elliott, J. M.** (1966): Downstream movements of Trout fry *(Salmo trutta)* in a Dartmoor stream. - J. Fish. Res. Bd. Can. 23, 157 - 159.

**Fängstam, H.** (1993): Individual downstream swimming speed during the natural smolting period among young of Baltic salmon *(Salmo salar)*. - Can. J. Zool. 71, 1782 - 1786.

**Fängstam, H., I. Berglund, M. Sjöberg & H. Lundqvist** (1993): Effects of size and early sexual maturity on downstream migration during smolting in Baltic salmon *(Salmo salar)*. - J. Fish Biol. 43, 517 - 529.

**Fontaine, Y.** (1994): L'argenture de l'anguille: métamorphose, anticipation, adaptation. - Bull. Fr. Pêche Piscic. 335, 171 - 185.

**Fontenelle, G., G. Douaire, P. Prouzet, Y. Harache & J. L. Baglinière** (1980): Atlantic salmon *(Salmo salar L.)* in Brittany and Lower Normandy: preliminary observations on the general characteristics of adults. - Fish. Mgmt. 11, 87 - 100.

**Foster, J. R. & C. B. Schom** (1989): Imprinting and homing of Atlantic salmon *(Salmo salar)* kelts. - Can. J. Fish. Aquat. Sci., 714 - 719.

**Gale, W. F. & J. M. Mohr jr.** (1978): Larval fish drift in a large river with a comparison of sampling methods. - Trans. Am. Fish. Soc. 107, 46 - 55.

**Gerhardt, P.** (1893): Ueber Aalleitern und Aalpässe. - Z. Fischerei 1, 194 - 199.

**Gerking, S. D.** (1953): Evidence for the concepts of home range and territory in stream fishes. - Ecology 34, 347 - 365.

**Gerking, S. D.** (1959): The restricted movements of fish populations. - Biol. Rev. 34, 221 - 242.

**Gloss, S. P. & J. R. Wahl** (1983): Mortality of juvenile salmonids passing through Ossberger crossflow turbines at small-scale hydroelectric sites. - Trans. Am. Fish. Soc. 112, 194 - 200.

**Gunning, G. E.** (1963): The concepts of home range and homing in stream fishes. - Ergebn. Biol. 26, 202 - 215.

**Hansen, L. P. & B. Jonsson** (1985): Downstream migration of hatchery-reared smolts of Atlantic Salmon *(Salmo salar L.)* in the river Imsa, Norway. - Aquaculture 45, 237 - 248.

**Hansen, L. P.** (1986): Introduction of Atlantic salmon *Salmo salar L.* to the river Akerselv, Oslo. - Fauna norv. Ser. A 7, 27-32.

**Hanson, L. H. & W. D. Swink** (1989): Downstream migration of recently metamorphosed sea lampreys in the Ocqueoc river, Michigan, before and after treatment with lampricides. - North Am. J. Fish. Management 9, 327 - 331.

**Hedin, J.** (1983): Seasonal spawning migrations of the Burbot *(Lota lota L.)* in a coastal stream of the northern Bothnian Sea. - Fauna norrlandica 6, 1 - 9.

**Hemsen, J.** (1960): Fische und Turbinen. - Österr. Fischerei 13, 113 - 122.

**Hesthagen, T. & E. Garnas** (1986): Migration of Atlantic salmon smolts in River Orkla of central Norway in relation to management of a hydroelectric station. - N. Amer. J. Fish. Management 6, 376 - 382.

**Hindar, K. & J. Nordland** (1989): A female Atlantic salmon, *Salmo salar L.*, maturing sexually in the parr stage. - J. Fish Biol. 35, 461 - 463.

**Hoek, P. P. E.** (1901): Bericht über Beobachtungen und Untersuchungen der Lebensweise des Lachses im Gebiete der oberen Mosel in der Zeit vom August bis November 1900. - Fischerei-Zeitung (Neudamm) 4, 625 - 630.

**Höfer, R. & U. Riedmüller** (1996): Fischschäden bei Salmoniden durch Turbinen von Wasserkraftanlagen. - Kirchzarten (Büro für Nutzung und Ökologie der Binnengewässer) im Auftrag des Regierungspräsidiums Freiburg (unveröff. Manuskript).

**Holcik, J. (Hrsg.)** (1986): The Freshwater Fishes of Europe, Bd. 1,I: Petromyzontiformes. - Wiesbaden (Aula-Verlag), 313 S..

**Hunt, P. C. & J. W. Jones** (1974): A population of *Barbus barbus (L.)* in the River Severn, England. II. Movements. - J. Fish Biol. 6, 269 - 278.

**Hvidsten, N. A. & L. P. Hansen** (1988): Increased recapture rate of adult Atlantic Salmon, *Salmo salar L.*, stocked as smolts at high water discharge. - J. Fish Biol. 32, 153 - 154.

**Hvidsten, N. A., A. J. Jensen, H. Vival, O. Bakke & T. G. Heggberget** (1995): Downstream migration of Atlantic salmon smolts in relation to water flow, water temperature, moon phase and social interaction. - Nordic J. Freshw. Res. 70, 38 - 48.

**Ingendahl, D.** (1993): Untersuchung des Wanderverhaltens des atlantischen Lachses *Salmo salar* und der Bachforelle *Salmo trutta fario*, insbesondere an hydroelektrischen Einrichtungen. - Diplom-Arbeit, Univ. Köln, 132 S..

**Jens, G.** (1953): Über den lunaren Rhythmus der Blankaalwanderung. - Arch. Fischereiwiss. 4, 94 - 110.

**Jens, G.** (1992): Stellungnahme zum Entwurf eines „Beobachtungs- und Warnplans zum Erkennen des kritischen Zeitpunkts der Auslösung des Aalzugs in der Fulda“ vom 2. Juni 1992. - Boppard, 9 S. (unveröff. Manuskript).

**Jonsson, B. & J. Ruud-Hansen** (1985): Water temperature as the primary influence on timing of seaward migrations of Atlantic salmon *(Salmo salar)* smolts. - Can. J. Fish. Aquat. Sci. 42, 593 - 595.

**Jonsson, N.** (1991): Influence of water flow, water temperature and light on fish migration in rivers. - Nordic J. Freshw. Res. 66, 20 - 35.

**Jonsson, N., B. Jonsson & L. P. Hansen** (1990): Partial segregation in the timing of migration of Atlantic salmon of different ages. - Anim. Behav. 40, 313 - 321.

**Kleinschmidt Associates** (1997): Karapiro hydroelectric station downstream eel passage scoping study. - Hamilton (New Zealand), 35 S..

**Koch, W.** (1932): Fischmarkierungsversuche am badischen Rhein und Neckar. - Badische Fischereizeitung 9, 145 - 156 und 164 - 176.

**Koops, H.** (1960): Die Bedeutung der Staustufe Geesthacht für die Quappenfischerei der Elbe. - Kurze Mitt. Inst. Fischereibiologie Univ. Hamburg 10, 43 - 56.

**Koops, H.** (1962): Die Wanderung des Aals, *Anguilla anguilla L.*, in Abhängigkeit vom Sommerhochwasser. - Kurze Mitt. Inst. Fischereibiologie Univ. Hamburg 12, 19 - 26.

**Larinier, M. & J. Dartiguelongue** (1989): La circulation des poissons migrateurs et transit à travers les turbines des installations hydroélectriques. - Bull. Fr. Pêche Piscic. 312/313, 90 S..

**Larinier, M., F. Travade, D. Ingendahl, J. M. Bach & D. Pujo** (1993): Experimentation d'un dispositiv de dévalaison pour les juveniles de saumon atlantique (année 1992) Usine hydroélectrique de Soeix (Gave d'Aspe). - Elecricité de France, Direction des Études et Recherches.

**Leatherland, J. F., K. J. Farbridge & T. Boujard** (1992): Lunar and semi-lunar rhythms in fishes. - In: Ali, M. A. (Hrsg.): Rhythms in fishes. - New York (Plenum Press), 83 - 107.

**Leonhardt, E.** (1905): Der Lachs: Versuch einer Biologie unseres wertvollsten Salmoniden. - Neudamm, 60 S..

**Linlökken, A.** (1993): Efficiency of fishways and impact of dams on the migration of grayling and brown trout in the Glomma River system, south-eastern Norway. - Regulated Rivers: Research & Management 8, 145 - 153.

**Lowe, R. H.** (1952): The influence of light and other factors on the seaward migration of silver eel. - J. Anim. Ecol. 21, 275 - 309.

**Mann, H.** (1965): Ergebnisse der Aalmarkierungen in der Elbe im Jahr 1963. - Fischwirt 15, 1 - 7.

**Marty, C. & E. Beall** (1987): Rythmes journaliers et saisonniers de dévalaison d'alevins de saumon atlantique à l'émergence. - In: Thibault, M. & R. Billard (Hrsg.): La restauration des rivières à saumons, Paris (INRA), 283 - 290.

**Mathur, D., P. G. Heisey & D. A. Robinson** (1994): Turbine-passage mortality of juvenile American shad at a low-head hydroelectric dam. - Trans. Am. Fish. Soc. 123, 108 - 111.

**McKeown, B.** (1984): Fish Migration. - London (Croom Helm Ltd.), 224 S..

**Mills, D.** (1989): Ecology and management of Atlantic salmon. - London (Chapman & Hall), 351 S..

**Mohr, E.** (1952): Der Stör. - Leipzig (Neue Brehm-Bücherei - Akademische Verlagsgesellschaft Geest & Portig), 66 S..

**Molls, F.** (1997): Populationsbiologie der Fischarten einer niederrheinischen Auenlandschaft - Reproduktionserfolge, Lebenszyklen, Kurzdistanzwanderungen. - Dissertation, Univ. Köln, 184 S..

**Monan, G. E., R. J. McConnell, J. R. Pugh & J. R. Smith** (1969): Distribution of debris and downstream-migrating salmon in the Snake river above Brownlee reservoir. - Trans. Am. Fish. Soc. 98, 239 - 244.

**Montén, E.** (1985): Fish and Turbines - Fish injuries during passage through power station turbines. - Stockholm (Vattenfall), 111 S..

**Moore, A., E. C. E. Potter, N. J. Milner & S. Bamber** (1995): The migratory behaviour of wild Atlantic salmon *(Salmo salar)* smolts in the estuary of the River Conwy, North Wales. - Can. J. Fish. Aquat. Sci. 52, 1923 - 1935.

**Muir, J. F.** (1959): Passage of young fish through turbines. - J. Power Division, Proc. Am. Soc. Civil Eng. 85 PO 1, 23 - 46.

**Müller, K. & E. Berg** (1982): Spring migration of some anadromous freshwater fish species in the northern Bothnian Sea. - Hydrobiologia 96, 161 - 168.

**Nettles, D. C. & S. P. Gloss** (1987): Migration of landlocked Atlantic salmon smolts and effectiveness of a fish bypass structure at a small-scale hydroelectric facility. - North Am. J. Fish. Management 7, 562 - 568.

**Nezdoliy, V. K.** (1984): Downstream migration of young fishes during the initial period of flow regulation in the Ili river. - Voprosy ikhtiol. 24, 212 - 224.

**Northcote, T. G.** (1967): The relation of movements and migrations to production in freshwater fishes. - In: Gerking, S. D. (Hrsg.): The biological basis of freshwater fish production, Oxford (Blackwell Sc. Publ.).

**Northcote, T. G.** (1984): Mechanisms of fish migration in rivers. - In: McCleave, J. et al. (Hrsg.): Mechanisms of migration in fishes, New York (Plenum Press), 317 - 355.

**Pavlov, D. S.** (1994): The downstream migration of young fishes in rivers: mechanisms and distribution. - Folia Zoologica 43, 193 - 208.

**Pelz, G. R. & A. Kästle** (1989a): Ortsbewegungen der *Barbe Barbus barbus (L.)* - radiotelemetrische Standortbestimmungen in der Nidda (Frankfurt/Main). - Fischökologie 1/2, 15 - 28.

**Pelz, G. R. & A. Kästle** (1989b): Ortsbewegungen von Äschen *Thymallus thymallus* und Bachforellen *Salmo trutta f. fario* (radiotelemetrische Standortbestimmungen). - Im Auftrag des Hessischen Ministeriums für Landwirtschaft, Forsten und Naturschutz (unveröff. Manuskript).

**Pelz, G. R.** (1985): Fischbewegungen über verschiedenartige Fischpässe am Beispiel der Mosel. - Cour. Forsch.-Inst. Senckenberg 76, 1 - 190.

**Pelz, G. R.** (1986): Kritische Stellungnahme zur Fischpaßfrage. - AFZ-Fischwaid 111, 8 - 13.

**Pelz, G. R.** (1989): Zur Verwendung der Begriffe "fish movements" und "fish migrations" in der deutschsprachigen Literatur. - Fischökologie aktuell 1/2, 20 - 24.

**Pelz, G. R., A. Lelek, H. Bernerth & W. Tobias** (1987): Fischereilich-limnologische Beurteilung der Main-Stauhaltungen Offenbach und Mühlheim im Hinblick auf Auswirkungen des Neubaus der Wehranlage Mühlheim. - Forschungsinstitut Senckenberg, Frankfurt, 129 S. (unveröff. Gutachten).

**Penaz, M., A. L. Roux, P. Jurajda & J. M. Olivier** (1992): Drift of larval and juvenile fishes in a by-passed floodplain of the upper river Rhône, France. - Folia Zoologica 41, 281 - 288.

**Poole, W. R., J. D. Reynolds & C. Moriatry** (1990): Observations on the silver eel migrations of the Burrishoole river system, Ireland 1959 to 1988. - Int. Revue ges. Hydrobiol. 75, 807 - 815.

**Raben, K. v.** (1955): Kaplanturbinen und Fische. - Wasserwirtschaft 45, 196 - 200.

**Raben, K. v.** (1957a): Zur Beurteilung der Schädlichkeit der Turbinen für Fische. - Wasserwirtschaft 47, 60 - 63.

**Raben, K. v.** (1957b): Zur Frage der Beschädigung von Fischen durch Turbinen. - Wasserwirtschaft 47, 97 - 100.

**Raben, K. v.** (1957c): Über Turbinen und ihre schädliche Wirkung auf Fische. - Z. Fischerei NF. 6, 171 - 182.

**Rauck, G.** (1980): Mengen und Arten vernichteter Fische und Krebstiere an den Rechen des Einlaufbauwerkes im Kernkraftwerk Brunsbüttel. - Veröff. Inst. Küsten- und Binnenfischerei 71, 21 S..

**Raymond, H. L.** (1979): Effects of dams of impoundments on migrations of juvenile Chinook salmon and steelhead from the Snake River, 1966 - 1975. - Trans. Am. Fish. Soc. 108, 505 - 529.

**Salesse, P., G. Edel & P. Roche** (1995): Untersuchung der stromabwärtigen Wanderung der Salmoniden im Entwässerungskanal des Rheins. - Metz (Conseil supérieur de la Pêche, Délégation Régionale de Metz), 13 S..

**Salewski, V.** (1991): Untersuchungen zu Ökologie und Biometrie einer Bachneunaugen-Population *(Lampetra planeri)* im Odenwald. - Fischökologie 4, 7 - 22.

**Scheuring, L.** (1929): Die Wanderungen der Fische I. - Ergebn. Biol. 5, 405 - 691.

**Scheuring, L.** (1930): Die Wanderungen der Fische II. - Ergebn. Biol. 6, 4 - 326.

**Schiemenz, F.** (1960): Unterschied der Wanderungen der Fische, insbesondere der Aale verschiedenen Reifegrades, im unkanalisierten Strom und im kanalisierten Strom. - Z. Fischerei NF. 9, 133 - 154.

**Schiemenz, F.** (1962): Wanderweite und Wanderdruck bei den Fischen und die Auswirkungen auf den Fischbestand in Flußstrecken mit Wehren. - Österr. Fischerei 15, 22 - 26.

**Schwevers, U.** (1988): Untersuchungen zur Fischfauna im Gewässersystem der Wieseck. Auswirkungen historischer und aktueller anthropogener Eingriffe auf die Ichthyozönosen. - Gießen (Verlag der Ferber'schen Universitätsbuchhandlung), 159 S.. - Zugleich: Dissertation FB Biologie, Univ. Gießen.

**Schwevers, U., & B. Adam** (1992): Der Aal im Rhithral hessischer Fließgewässer. - Z. Fischk. 1/2, 117 - 133.

**Schwevers, U., & B. Adam** (1996a): Wehrkataster der Lahn. - Hrsg.: Hessisches Ministerium des Inneren und für Landwirtschaft, Forsten und Naturschutz, Wiesbaden, 48 S..

**Schwevers, U., & B. Adam** (1996b): Ökomorphologische und fischereibiologische Untersuchungen im Gewässersystem der Ahr (im Rahmen der Erstellung eines Fischartenkatasters für Rheinland-Pfalz). - Institut für angewandte Ökologie im Auftrag des rheinland-pfälzischen Ministeriums für Landwirtschaft, Weinbau und Forsten. - 2 Bände, zus. 805 S. (unveröff. Manuskript).

**Schwevers, U., & B. Adam** (1997a): Erfolgskontrolle von Besatzmaßnahmen mit Lachsen und Meerforellen im rheinland-pfälzischen Abschnitt des Gewässersystems der Lahn, Abschlußbericht der 1. Phase, 1994 - 1996. - Institut für angewandte Ökologie im Auftrag des rheinland-pfälzischen Ministeriums für Umwelt und Forsten, 101 S. (unveröff. Manuskript).

**Schwevers, U., & B. Adam** (1997b): Untersuchungen zum Fischaufstieg über die Versuchsanlage einer Aufstiegs-Galerie sowie die Schiffsschleuse Lahnstein. - Institut für angewandte Ökologie im Auftrag des StAWA Montabaur, 169 S. (unveröff. Manuskript).

**Schwevers, U., & B. Adam** (1997c): Fischfaunistische und fischökologische Untersuchungen in der Main-Stauhaltung Würzburg. - Institut für angewandte Ökologie im Auftrag der Wasser- und Schiffahrtsverwaltung des Bundes / Wasserstraßen-Neubauamt Aschaffenburg, 164 S. (unveröff. Manuskript).

**Schwevers, U., & B. Adam** (1997d): Wiederansiedlung des Lachses *(Salmo salar L.)* in der hessischen Lahn, Abschlußbericht der 1. Phase, 1995 - 1996. - Institut für angewandte Ökologie im Auftrag des Regierungspräsidiums Gießen, 49 S. (unveröff. Manuskript).

**Schwevers, U., B. Adam & C. Gumpinger** (1998): Wiederherstellung der Durchwanderbarkeit der Staustufe Wahnhausen in der Fulda: Biologische Grundlagen. - Arbeitsgemeinschaft Gewässersanierung im Auftrag des Regierungspräsidiums Kassel (in Arbeit).

**Shearer, W. M.** (1955): Homing instinct in sea trout. - Nature 176, 171 - 172.

**Siligato, S.** (1997): Autökologie des Donaukaulbarsches *(Gymnocephalus baloni, HOLCIK & HENSEL, 1974)*. - Dipl.-Arbeit, Univ. Wien, 76 S..

**Stabell, O. B.** (1984): Homing and olfaction in salmonids: a critical review with special reference to the Atlantic salmon. - Biol. Rev. 59, 333 - 388.

**Steinmann, P.** (1937): Die Wanderungen unserer sogenannten Standfische im Fluß und Strom. - Revue Suisse de Zoologie 44, 405 - 409.

**Steinmann, P., W. Koch & L. Scheuring** (1937): Die Wanderungen unserer Süßwasserfische, dargestellt auf Grund von Markierungsversuchen. - Z. Fischerei 35, 369 - 467.

**Stott, B.** (1967): The movements and population densities of roach *(Rutilus rutilus L.)* and gudgeon *(Gobio gobio L.)* in the river Mole. - J. Anim. Ecol. 36, 407 - 423.

**Stott, B., J. W. V. Elsdon & J. A.A. Johnston** (1963): Homing behaviour in gudgeon *(Gobio gobio (L.))*. - Anim. Behav. 11, 93 - 96.

**Strempel, K. M.** (1997): Und die großen Aale wandern in Norddeutschland doch über die Dämme in Teiche ein. - Fischer & Teichwirt 48, 8 - 11.

**Struck, H.** (1943): Hungerwanderungen der Fische. - Fischerei-Z. 46, 126 - 127.

**Taylor, R. E. & B. Kynard** (1985): Mortality of juvenile American shad and blueback herring passed through a low-head Kaplan turbine. - Trans. Am. Fish. Soc. 114, 430 - 435.

**Tesch, F. W.** (1966): Die Wanderung markierter Aale in der Elbe bei Hochwasser und der Einfluß der Staustufe Geesthacht. - Wasser und Boden 18, 433 - 437.

**Tesch, F. W.** (1983): Der Aal: Biologie und Fischerei. - Hamburg (Verlag Paul Parey) 2, Auflage, 340 S..

**Tesch, F. W.** (1994): Verfolgung von Blankaalen in Weser und Elbe. - Fischökologie 7, 47 - 59.

**Tesch, F. W., H. Westerberg & L. Karlsson** (1990): Tracking studies on migrating silver eels in the central Baltic. - Int. Revue ges. Hydrobiol. 75, 866.

**Thorpe, J. E. & R. I. G. Morgan** (1978): Periodicity in Atlantic salmon *Salmo salar L.* smolt migration. - J. Fish Biol. 12, 541 - 548.

**Thorpe, J. E.** (1984): Downstream movements of juvenile salmonids: a forward speculative view. - In: McCleave, J. et al. (Hrsg.): Mechanisms of migration in fishes, New York (Plenum Press), 387 - 396.

**Thorpe, J. E.** (1994): Reproductive strategies in Atlantic salmon, *Salmo salar L.*. - Aquaculture and Fisheries Management 25, 77 - 87.

**Travade, F. & M. Larinier** (1992): La migration de dévalaison: problèmes et dispositifs. - Bull. Fr. Pêche Piscic. 326/327, 165 - 176.

**Travade, F., J. Dartiguelongue & M. Larinier** (1987): Dévalaison et franchissement des turbines et ouvrages énergétiques. - La Houille Blanche 1/2, 124 - 133.

**Vogel, D. A., K. R. Marine & J. G. Smith** (1990): A summary of evaluations of upstream and downstream anadromous salmonid passage at Red Bluff diversion dam on the Sacramento river, California, USA. - Proc. Int. Symp. on Fishways in Gifu, Japan, October 8 - 10, 1990, 275 - 281.

**Vollestad, L. A., B. Jonsson, N. A. Hvidsten, T. F. Naesje, O. Haraldstad & J. Ruud-Hansen** (1986): Environmental factors regulating the seaward migration of European silver eels *(Anguilla anguilla)*. - Can. J. Fish. Aquat. Sci. 43, 1909 - 1916.

**Witowski, A. & M. Kowalewski** (1988): Migration and structure of spawning population of grayling *Thymallus thymallus (L.)* in the Dunajec basin. - Arch. Hydrobiol. 112, 279 - 297.

**Wood, C. C., N. B. Hargreaves, D. T. Rutherford & B. T. Emmett** (1993): Downstream and early marine migratory behaviour of Sockeye salmon *(Oncorhynchus nerka)* smolts entering Barkley Sound, Vancouver Island. - Can. J. Fish. Aquat. Sci. 50, 1329 - 1337.

**Wootton, R. J.** (1984): Strategies and tactics in fish reproduction. - In: Potts, G. W. & R. J. Wootton (Hrsg.): Fish reproduction: strategies and tactics, London (Academic Press).

## Artindex